Soumeya Cherouat

Détection Radar et SAR par les Fractals et Reconstruction des Images

Soumeya Cherouat

Détection Radar et SAR par les Fractals et Reconstruction des Images

Noor Publishing

Imprint

Cover image: www.ingimage.com

Publisher:
Noor Publishing
is a trademark of
International Book Market Service Ltd., member of OmniScriptum Publishing Group
17 Meldrum Street, Beau Bassin 71504, Mauritius

Printed at: see last page
ISBN: 978-620-2-35894-1

Zugl. / Agréé par: 2018 قسنطينة جامعة الاخوة منتوري

Détection Radar Utilisant les Fractals et Détection des Cibles dans des Images SAR Utilisant des Algorithmes de Reconstruction des Images dans un Bruit non Gaussien.

Soumeya CHEROUAT

REMERCIEMENTS

Tout d'abord, je remercie **Dieu** pour m'avoir toujours laissé une fenêtre d'espoir par laquelle je respire et reprends le chemin après des tombés.

J'adresse mes plus vifs remerciements à mon directeur de thèse Monsieur **Faouzi SOLTANI**, Professeur à l'université des Frères Mentouri de Constantine, pour ses encouragements. Je le remercie aussi pour les domaines de recherches auxquels il m'a initié. Il a su me donner l'envie d'apprendre des approches diverses et très différentes. Je le remercie encore pour l'intérêt qu'il a porté à mes travaux, d'avoir dirigé cette thèse et pour sa grande patience. Alors, pour votre enthousiasme et vos encouragements qui m'ont permis de mener à bien ce travail tout en développant mes propres méthodes de travail et de réflexion je vous dis merci infiniment.

J'adresse mes plus sincères remerciements à Monsieur **Abdelfettah CHAREF**, Professeur à l'université des Frères Mentouri Constantine, qui a répondu à mes interrogations et m'a initié aux fractals, durant mes premiers pas dans ce domaine. Il m'a ouvert la porte pour réaliser mon algorithme d'estimation de la dimension fractale. Je le remercie aussi d'avoir accepté de présider le jury de ma thèse.

J'exprime également toute ma gratitude à Messieurs **Toufik LAROUSSI,** Professeur à l'université des Frères Mentouri Constantine, **Tarek FORTAKI**, Professeur à l'université Batna 2 et Madame **Zoubeida MESSALI** Professeur à l'université de Bordj Bou Arréridj d'avoir accepté de juger ce travail en qualité d'examinateurs.

Je remercie également Monsieur **Farid MARIR** Professeur à l'université des Frères Mentouri de Constantine d'avoir accepté mon invitation d'assister à la soutenance de cette thèse.

Je remercie l'équipe de SATIE et spécialement Monsieur **Dr. Franck DAOUT** et Madame **Dr. Françoise SCHMITT** pour leur accueil, leur gentillesse, pendant les dix jours que j'ai passé dans leur laboratoire à l'ENS Cachan.

Je les remercie de m'avoir fait partager leurs expériences et initier à leurs domaines de recherches (la reconstruction des images SAR et la construction des surfaces des mers). Je les remercie pour les données réelles et la riche documentation qu'ilsi ont mis à ma disposition.

Je remercie aussi l'Office National d'Étude et de Recherche Aérospatiale (ONERA), qui m'a donné la chance d'utiliser leurs données de mesure dans mon travail.

J'ai également une pensée toute particulière pour ma mère, mes sœurs, mes frères et mes amies ; en particulier Latifa Hacini, Amel Aissaoui, Fatima Siaba et Souad Benabdelkader, qui m'ont soutenu et encouragé au cours de cette thèse.

RÉSUMÉ

Le domaine de recherche de la détection radar est très vaste et très important. Pour cela, beaucoup travaux de recherche considérables sont menés depuis plusieurs années pour analyser et perfectionner cette détection. Cependant, la difficulté qui se pose est de trouver un algorithme de traitement qui s'adapte à une variété d'environnements rencontrés dans la pratique. Pour ces problèmes, il est nécessaire de développer de nouvelles techniques. Un concept important qui est en liaison avec les propriétés géométriques d'un objet est la géométrie fractale. Cette géométrie, qui décrit bien les objets complexes et irréguliers avec son paramètre important "la dimension fractale", qui mesure le degré de complexité de la structure considérée a été utilisée dans la détection radar.

Dans le cadre de notre thèse, nous avons proposé un nouveau détecteur radar basé sur l'utilisation de la dimension fractale, estimée par la méthode de comptage des boîtes, et adaptée à tous les types de clutter afin de réaliser la détection du signal radar dans un clutter de mer et de terre pour des signaux synthétiques et réels.

Depuis son apparition, l'imagerie radar a été soumise à de nombreuses études, tant au niveau de l'acquisition qu'au traitement des images reconstruites afin d'améliorer la qualité des informations obtenues. L'une des plus grandes avancées de l'imagerie radar est la technique du radar à ouverture synthétique ROS ou SAR (Synthetic Aperture Radar) avec ses deux types de configurations monostatique et bistatique.

Le processus de génération d'une image SAR s'effectue par l'utilisation de techniques de traitement du signal pour former l'image à partir de données brutes. En effet de multiples processus de formation des images ont été développés pour des SAR monostatiques. Dans ce travail, nous avons utilisé trois algorithmes pour la reconstruction des images SAR bistatique ; l'algorithme à filtrage adapté (Matched Filter Algorithm MFA), l'algorithme de rétroprojection (Back Projection Algorithm BPA) et l'algorithme de format polaire (Polar Format Algorithm PFA). Le deuxième problème consiste donc à étudier les effets de deux types de clutter K et Weibull (réel et complexe) sur la détection des cibles, dans des images SAR, et les performances de ces trois algorithmes.

ABSTRACT

The research work on radar detection has been widely investigated during the last decades. For this, several techniques have been developed to analyze and improve radar detection.
However, the difficulty that arises in radar detection is to find an algorithm which adapts to a variety of environments encountered in practice. For this, it is always necessary to develop novel methods.

An important concept which is in conjunction with the geometrical properties of an object is the fractal geometry. This geometry, which describes well the complex and irregular objects with its important parameter "the fractal dimension", measures the degree of complexity of the structure considered and was used in radar detection.

As part of our thesis, we propose a new radar detector based on the use of the fractal dimension, estimated by the method of box counting and adapted to all types of clutter in order to achieve the detection of radar signal in sea and ground clutter for synthetic and real data.

Since its appearance, the radar imagery was subject to many studies, as well on the level of acquisition as the image processing rebuilt in order to improve the quality of information obtained. One of the advanced imaging radar technique is synthetic aperture radar (SAR) with its two types of configurations monostatic and bistatic.

The process of generating a SAR image is undertaken via the use of signal processing techniques to form the image from raw data. Indeed, multiple image formation processes have been developed for monostatic SAR.

In this work, we use three algorithms for generating the bistatic SAR images: Matched Filtering Algorithm (MFA), Back Projection Algorithm (BPA) and Polar Format Algorithm (PFA). We study the performance of these algorithms on two types of clutter; K and Weibull (real and complex).

ملخص

مجال البحث في الكشف عن الأهداف بالرادار واسع جدا و جد مهم. نظرا لهاته الأهمية عدة أبحاث مهمة قدمت على مر عدة سنوات لتحليل وتحسين هذا الكشف الراداري. و مع ذلك، الصعوبة تكمن في إيجاد خوارزمية معالجة تتكيف مع مجموعة متنوعة من البيئات التي نصادفها في الطبيعة. لهاته المشاكل من الضروري استحداث تقنيات جديدة.

مفهوم هام جديد متعلق بالخصائص الهندسية للعنصر و هو الهندسة الكسورية. هاته الهندسة، التي تصف جيدا العناصر المعقدة وغير المنتظمة مع معاملها المهم المسمى البعد الكسوري، الذي يقيس درجة تعقيد الهيكل المعتمد، استعملت كثيرا في الكشف الراداري.

في إطار البحث في هاته الأطروحة، اقترحنا كاشف رادار جديد يعتمد على استخدام البعد الكسوري، محسوب بطريقة عد المربعات، ويتكيف مع جميع أنواع الفوضى، من اجل تأكيد الكشف عن إشارة الرادار في فوضى البحر والأرض على إشارات اصطناعية وإشارات حقيقية.

تعرض التصوير الراداري، منذ ظهوره، لدراسات عديدة، سواء على مستوى اقتناء أو معالجة الصور التي يعاد بناؤها من اجل تحسين نوعية المعلومات التي تم الحصول عليها.واحدة من أكبر التقنيات المتقدمة للتصوير بالرادار، هو الرادار ذي الفتحة الاصطناعية مع تركيبتيه المختلفتين مونوستاتيك وثنائيتيستاتيك.عملية استخراج صورة الرادار ذي الفتحة الاصطناعية تتم عن طريق استخدام تقنيات معالجة الإشارة من اجل تشكيل الصورة من البيانات الخام.

في الواقع طورت تقنيات مضاعفة لتشكيل الصورة في التصوير الرادار ذو الفتحة الاصطناعية مونوستاتيك ، في هذا العمل استخدمنا ثلاث خوارزميات لتشكيل الصورة في التصوير الرادار ذو الفتحة الاصطناعية ثنائيستاتيك و هم: خوارزمية الإسقاط الخلفي:(Back Projection)و (Matched Filter Algorithm)، خوارزمية الإسقاط مرة أخرى خوارزمية تنسيق القطبية (Polar Format Algorithm) و ذلك بدراسة آثار نوعين من فوضىK و Weibull (حقيقية و مركبة) في الكشف عن الأهداف و دراسة قدرات الثلاثة خوارزميات.

TABLE DES MATIERES

LISTE DES FIGURES

LISTE DES TABLEAUX

LISTE DES ACRONYMES

ALOS	Advanced Land Observing Satellite
BABI	Banc d'Analyses BIstatiques
CSK	COSMO-SkyMed
BiSAR	Bistatic Synthetic Aperture Radar
BPA	Back Projection Algorithm
DLR	Centre allemand pour l'aéronautique et l'astronautique
ENVISAT	ENVIronment SATellite
ERS1	European Remote-Sensing
FBPT	Fast Back Projection Techniques
JERS	Japan Earth Resources Satellite
JPL/NASA	Jet Propulsion Laboratory /NASA
MFA	Matched Filter Algorithm
ONERA	Office National d'Études et de Recherches Aérospatiales
OEM	Ondes ElectroMagnétiques
PFA	Polar Format Algorithm
PRI	Pulse Repetition Interval
RAD	Radio Détection
RADAR	Radio Detection And Ranging
RAMSES	Radar d'Analyse Multispectrale d'Etude des Signatures
RDF	Radio Direction Finding
RF	Radio Fréquence
RMA	Range Migration Algorithm
ROR	Radars à Ouverture Réelle
ROS	Radar à Ouverture Synthétique
SAR	Synthetic Aperture Radar
SATIE	Systèmes et Applications des Technologies de l'Information et de l'Energie
SEASAT	Sea Satellite
SIR-B	Shuttle Imaging Radar-B

LISTE DES SYMBOLES

$O(N^x)$	:	Complexité de calcul
NxN	:	Taille de l'image
Pd	:	Probabilité de détection
Pfa	:	Probabilité de fausse alarme
$\Lambda(y)$	:	Rapport des vraisemblances
η	:	Seuil de décision
τ	:	Durée d'impulsion émise
v	:	Vitesse
c	:	Célérité de la lumière dans le vide
δx	:	Résolution en distance (radiale)
δy	:	Résolution en azimut (spatiale)
θo	:	Angle de l'ouverture du lobe principal du diagramme d'antenne
R	:	Portée = Distance entre le ROS et la cible
H	:	Altitude du porteur radar
λ	:	Longueur d'onde
Rn	:	Portée proximale
Rf	:	Portée distale
Sw	:	Fauchée
θ	:	Angle d'incidence global
θ'	:	Angle d'incidence local
X_1	:	Distance séparant le radar et le centre O de la zone imagée
Y_1	:	Distance séparant le radar et le centre O de la zone imagée
Z_1	:	Altitude à laquelle circule l'avion
2L	:	Parcourt d'une distance
u	:	Variable qui caractérise la position du porteur de l'antenne radar
p(t)	:	Impulsion émise
s(t, u)	:	Signal reçu des échos de la cible.
t_{AB}	:	Retard du signal écho par rapport au signal émis
$I(x, y, z)$	:	Image 3D des réflecteurs
n	:	Nombre de réflecteurs dans l'image

σ_i	:	Coefficient de réflectivité
A_i	:	Amplitude du point brillant localisé
ϕi	:	Phase propre du réflecteur i
(xi, yi)	:	Localisation du réflecteur i dans le plan (x, y)
zi	:	Elévation du réflecteur par rapport au sol.
E	:	Emetteur
R	:	Récepteur
Tgt	:	Cible
L_b	:	Baseline bistatic
$R_E(\tau)$	:	Distances de l'émetteur à partir de la cible
$R_R(\tau)$	:	Distances du récepteur à partir de la cible
θ_E et θ_R	:	Angles d'incidences instantanés de l'antenne émettrice et réceptrice
v_E et v_R	:	Vecteurs de vitesse de l'émetteur et du récepteur
β	:	Angle bistatique
dBist	:	Distance bistatique
ΔT_{EE}	:	Intervalle de temps entre la transmission de l'impulsion et la réception de l'écho de la cible
ΔT_{RE}	:	Intervalle de temps entre la réception de l'impulsion émise et la réception de l'écho de la cible
S	:	Puissance du signal reçu
C	:	Puissance du clutter
SCR	:	Rapport signal sur clutter
SNR	:	Rapport signal sur bruit
DF	:	Dimension fractale
DT	:	Dimension topologique
F	:	Forme fractale
P(z)	:	Polynômes complexes
S (f,u)	:	Signal reçu dans le domaine (fréquence, angle)
$\hat{E}$ et $\hat{R}$	:	Distances émetteur-scène et scène-récepteur
$\hat{L}_E$	:	Vecteur unitaire qui désigne la position de l'émetteur
$\hat{L}_R$	:	Vecteur unitaire désignant la position du récepteur.
K	:	Nombre d'onde.
$\vec{r}$	:	Vecteur désignant une position sur la scène éclairée
N_f	:	Nombre de fréquences.

N_u	:	Nombre de positions angulaires
W	:	Nombre de cibles.
φ_E , φ_R	:	Angles d'azimut
f_x, f_y, f_z	:	Fréquences spatiales échantillonnées dans la collection de données bistatique
Si	:	Sphère (Cible)
BF1, BF2	:	Contextes de mesure
B	:	Largeur de bande de fréquence
Δ	:	Variance
µ	:	Unité de mesure (longueur, surface ou volume)
N	:	Nombre de pavés nécessaires pour recouvrir l'objet
r	:	Facteur de réduction
H	:	Dimension de Hurst
n	:	Nombre d'itérations
σ	:	Ecart type
$P_z(f)$	:	Spectre de puissance
$\gamma(h)$	:	Variogramme
δ_m	:	Longueur du carrée

INTRODUCTION GÉNÉRALE

Le thème traité dans cette thèse concerne la détection radar utilisant deux concepts qui sont les fractals et les reconstructions des images ROS (Radar à Ouverture Synthétique) ou SAR (Synthetic Aperture Radar). Les deux problèmes traités diffèrent dans leurs contextes, mais traitent le même sujet qui est la détection radar à une dimension et la détection radar à ouverture synthétique à deux dimensions et dans les deux sujets, nous avons utilisé les mêmes données de mesure qui sont des données réelles pour un SAR bistatique de type multicapteurs et multifréquences, réalisées par l'ONERA (Office National d'Études et de Recherches Aérospatiales). Le premier sujet de recherche concerne la reconstruction des images SAR bistatiques par différents algorithmes et le deuxième l'utilisation des fractals dans la détection radar.

Problématique sur la détection par les fractals

Le Radar

Au début du siècle, les précurseurs envisagèrent la possibilité de détecter la présence des objets métalliques par l'utilisation des ondes électromagnétiques. Cette nécessité de détecter les objets sans la participation de l'objet lui-même répondait aux besoins de sécurité de la navigation et de l'anticollision. C'est cependant le besoin militaire de la défense aérienne et maritime qui fut le principal moteur de cette nouvelle technique à partir des années trente. Le mot RADAR lui-même, qui est aujourd'hui universellement adopté pour désigner un matériel répondant à ces exigences, est un nom de code officiellement adopté par la Marine nationale des États-Unis d'Amérique en novembre 1940, abréviation de l'expression Radio Detection And Ranging, signifiant détection et estimation de la distance par ondes radio. Le radar est donc, dans son acception générale, un système actif qui émet des ondes électromagnétiques vers une portion de l'espace puis reçoit les ondes réfléchies par les objets présents, dans cette zone, appelés échos, ce qui permet de détecter l'existence des cibles et de déterminer certaines de leurs caractéristiques. Ces échos radar sont des objets d'intérêt noyés dans un bruit aléatoire ambiant qui perturbe la qualité de détection. Ce bruit provient généralement des composants des systèmes radar (bruit thermique) et d'un bruit externe dit clutter (clutter en Anglo-Saxon), qui représente le signal provenant de la réflexion d'objets indésirables. Ces signaux parasites sont généralement modélisés par des lois de probabilité connues, telles que celles de Weibull, Log-normale, K, ..., etc. Alors, le rôle spécifique du radar consiste à déterminer, parmi les échos reçus, celui qui est utile (écho de la cible). Cela s'appelle détection radar ou détection de la cible.

Suite à l'importance de cette détection radar, des travaux de recherche importants sont menés depuis plusieurs années pour l'analyser et la perfectionner. Cependant, la difficulté qui se pose est de trouver un algorithme de traitement qui s'adapte à une variété d'environnements rencontrés dans la pratique alors que la quantité d'informations qui peuvent être extraites à partir des signaux radar à l'aide d'analyses statistiques est limitée. Pour ces problèmes, il est nécessaire de développer de nouvelles techniques. Un concept important qui est en liaison avec les propriétés géométriques d'un objet est la géométrie fractale.

Les fractals

La plupart des objets dans le monde réel sont tellement complexes et irréguliers, qu'ils ne peuvent pas être décrits par la géométrie classique. Au cours des années soixante-dix, le mathématicien Français Benoît Mandelbrot [1], a développé une nouvelle géométrie des fractals en donnant la définition d'un fractal à toute figure géométrique ou tout objet naturel qui présente la même irrégularité à toutes les échelles et dans toutes ses parties et en lui associant une nouvelle dimension nommée "dimension fractale" qu'il lui a donné la définition d'un nombre qui mesure le degré de complexité de la structure considérée. Et depuis les années quatre-vingt-dix, de nombreuses études ont été menées autour de la géométrie fractale avec son paramètre important "la dimension fractale" et dans des disciplines très variées et diverses applications. Alors de nombreux chercheurs ont contribué leur effort pour l'estimation de la dimension fractale. Ainsi, plusieurs méthodes ont été développées pour l'estimation de ce paramètre comme la méthode de comptage des boîtes [2-4], la méthode de variance [4,5], la méthode spectrale [6-8], ... etc. De toutes les méthodes proposées, la méthode de comptage des boîtes, été la plus utilisée en raison de la facilité relative avec laquelle elle peut être calculée, l'adaptation à l'étude des structures auto-affines et le pouvoir d'être utilisé sur n'importe quel ensemble. À cet égard, plusieurs méthodes efficaces d'estimation de la dimension de fractale par cette méthode ont été réalisées et décrites dans [9-13].

La détection radar par les fractals

Les fractals ont été largement utilisés dans la détection radar et de nombreux articles ont été publiés récemment sur ce sujet, par exemple, il a été démontré expérimentalement par T. Lo et S. Haykin dans [14] et numériquement par J. Chen et J. Litva dans [15] et F. Berizzi et E. D. Mese dans [16,17] que la surface de la mer a une structure fractale. Potapov et allemand dans [18], ont utilisé la dimension fractale pour identifier les objets artificiels des images radar sur un fond non homogène. Détecter des petites cibles dans un clutter de mer a été démontré dans [19,20]. La détection des cibles radar dans un clutter de mer basée sur la dimension fractale 1D est introduite dans [21,22].

Dans nos articles [23,24] nous avons proposé un nouveau détecteur des cibles basés sur la dimension fractales pour des signaux radar synthétiques noyés dans un clutter de type K carré, et pour des images SAR bistatique réelles de l'ONEAR avec un clutter K, respectivement. Donc, la deuxième partie de notre travail est l'utilisation du concept fractal pour la détection d'un signal radar à partir de signaux synthétiques et réels d'un SAR bistatique à récepteur mobile de l'ONERA dans un environnement terrestre et marin, pouvant être représentés par des distributions Weibull et K.

Problématique de reconstruction des images

Radar à ouverture synthétique

L'imagerie radar est une technique de télédétection dont le principe s'articule sur la formation d'une image radar par des mesures sur les échos renvoyés par la scène bombardée par des ondes électromagnétiques. Cette méthode d'imagerie présente de nombreux avantages et ses applications sont multiples et interviennent dans de nombreux domaines: militaire, civil, scientifique et commercial. Depuis son apparition, l'imagerie radar a donc été soumise à de nombreuses études, tant au niveau de l'acquisition qu'au niveau de traitement des images reconstruites afin d'améliorer la qualité des informations obtenues.

L'une des plus grandes avancées de l'imagerie radar est le principe de la synthèse d'ouverture à partir d'un système radar en mouvement. Cette technique plus communément appelée Radar à Ouverture Synthétique ROS ou SAR (Synthetic Aperture Radar) est aujourd'hui employée dans des systèmes imageurs. Ce système permet d'utiliser le déplacement du porteur pour simuler une antenne virtuelle de longueur très importante afin d'affiner la résolution des images par l'imagerie cohérente c'est-à-dire sa capacité à collecter des signaux en amplitude et en phase.

Il existe deux types de configurations SAR: la configuration monostatique, où l'émetteur et le récepteur sont situés au même endroit, et la configuration bistatique, où l'émetteur et le récepteur sont situés à des endroits différents. L'immense majorité des radars d'aujourd'hui sont monostatiques mais les systèmes bistatiques ont été utilisés en premier, avant que l'on abandonne cette technique à cause de sa complexité et la difficulté d'avoir une bonne synchronisation entre l'émetteur et le récepteur. Cependant, elle présente certains avantages parmi lesquelles la discrétion du récepteur, l'obtention d'informations complémentaires sur les cibles ainsi qu'une meilleure détection des cibles furtives. Le SAR bistatique présente deux configurations différentes, un récepteur et de nombreux émetteur, ou un émetteur et plusieurs récepteurs.

Reconstruction des images SAR

Le processus de génération d'une image SAR s'effectue en deux étapes, l'acquisition et la compression. L'acquisition des données s'effectue par l'émission des impulsions électromagnétiques par l'antenne du système. Ces impulsions sont ensuite rétrodiffusées par la surface imagée, reçues par l'antenne, enregistrées formant le signal radar, appelée compression. Cette compression constitue le cœur du traitement SAR. Elle s'effectue en distance (compression d'impulsion) puis en azimut (synthèse d'ouverture). Une première étape consiste à formuler la réponse d'un diffuseur, puis la formation complète d'une image SAR complexe est obtenue par superposition des contributions de l'ensemble des diffuseurs constituant la scène observée. L'utilisation de techniques de traitement du signal permet de former l'image à partir des données brutes.

En effet, de multiples processus de formation des images ont été développés pour le SAR monostatique et bistatique. Nous pouvons citer les travaux de Soumekh qui s'intéressait au cas où l'émetteur et le récepteur évoluent à la même vitesse sur deux axes parallèles. Ainsi, il peut se rapprocher de la configuration SAR monostatique [25]. On peut également citer la campagne de mesure réalisée en partenariat entre l'ONERA et le centre allemand de recherche aérospatiale (DLR) à l'aide des stations RAMSES Radar d'Analyse Multispectrale d'Etude des Signatures (RAMSES) et E-SAR. Lors des acquisitions, les plateformes ont réalisé des vols parallèles très proches ce qui a permis d'utiliser les algorithmes de reconstruction monostatique [26].

D'autres études cherchent à caractériser la configuration monostatique et bistatique afin d'adapter les traitements des algorithmes de reconstruction. Nous pouvons citer l'algorithme à filtrage adapté (Matching filtering Algorithm (MFA)) en SAR monostatique [27,28] et pour un SAR bistatique l'auteur dans [29] a prouvé que le MFA maximise le rapport signal / bruit.

Mais Le fardeau de calcul du MFA a motivé le développement de plusieurs algorithmes SAR sous-optimaux mais calculés, comme l'algorithme de rétroprojection (Back Project Algorithm BPA) [28,30]. Dans l'article [31] l'auteur implémente efficacement le MFA en calculant la contribution individuelle de chaque impulsion et en interpolant cette contribution à la grille d'image en obtenant la complexité de calcul O (N^3) (où NxN est la taille de l'image) sans perte de qualité d'image. Bien qu'il s'agisse d'une amélioration significative par rapport à la MFA, le coût de calcul élevé devient prohibitif pour les ensembles de données contenant un grand nombre d'impulsions, alors diverses implémentations rapides de BPA, connues sous le nom de techniques de rétroprojection rapide (FBPT pour Fast Back Projection Techniques), ont été appliquées avec succès dans des systèmes SAR monostatiques [32-34] et en SAR bistatiques [35-38]qui atteignent une complexité de calcul logarithmique en sous-ouverture des données. Autre algorithme a été développé c'est le Range Migration Algorithm (RMA) [39-41] pour un SAR monostatique et [42,43] pour un SAR bistatique.

Afin d'apporté des améliorations dans les MFA, BPA et RDM ; l'algorithme dit de format polaire (polar format algorithm (PFA)) a été largement développé pour le SAR monostatique [44-46] et sa mise en œuvre bistatique [47-50]. C'est un algorithme d'imagerie SAR sub-optimal efficace en termes de calculs qui implémente une approximation du MFA avec complexité O (N^2 $\log_2$ N). L'analyse de phase et la correction de distorsion ont été étendues à la géométrie bistatique par le PFA dans [51,52]. Les auteurs de [53,54] ont développé une PFA rapide et efficace.

Enfin, et afin de valider les différents algorithmes d'imagerie pour un radar bistatique et étudier les performances d'un tel système (en termes de détection et de localisation), ONERA a réalisé une campagne expérimentale de mesure SAR bistatique de type multicapteurs et multifréquences dans sa propre chambre anéchoïque, en juin 2008 appelée compagnie BABI (Banc d'Analyses BIstatiques) [55]. ONERA en collaboration avec SATIE (Systèmes et Applications des Technologies de l'Information et de l'Energie) ont développé les trois algorithmes MFA BPA et le PFA pour ce type de système inspirés des algorithmes existants en imagerie SAR monostatique [55]. L'algorithme à filtrage adapté est une méthode de référence classique utilisée pour construire des images monostatiques. Pour les images bistatiques, il repose sur l'utilisation d'un filtrage adapté bidimensionnel. Le BPA est utilisé pour réduire la complexité de MFA en utilisant un noyau d'interpolation unidimensionnel et une séparation de l'opération de filtrage adapté distance de l'opération de synthèse d'ouverture. Le PFA est une des versions les plus rapides de MFA exploitée tel un filtre adapté approximé pour permettre un calcul plus efficace [55].

En raison de la physique du processus de l'imagerie radar, les images SAR contiennent des objets non désirés sous la forme d'un aspect granuleux qui est appelé Speckle. Les hypothèses classiques du modèle de la génération d'images SAR conduisent à un modèle de distribution de Rayleigh pour l'histogramme de l'image SAR. Cependant, certaines données expérimentales montrent des caractéristiques impulsives non-Rayleigh. Certaines distributions alternatives ont été proposées telles que la distribution Weibull et la distribution K.

Notre étude réalisée dans le cadre de notre premier travail de recherche vient compléter les travaux de l'ONERA et SATIE pour la reconstruction des images par l'étude des effets de deux types de clutter K et Weibull (Réels et complexes) sur la détection des cibles et les performances des trois algorithmes MFA, BPA et PFA.

Organisation de la thèse

Ce manuscrit s'articule autour de quatre chapitres en plus d'une introduction générale et une conclusion générale. Les deux premiers chapitres sont des rappels théoriques alors que les deux derniers traitent les deux problématiques proposées. Le manuscrit est organisé comme suit : Le premier chapitre est structuré en trois parties : la première partie introduit des généralités sur le radar. Après des définitions et un bref historique, le principe de fonctionnement du système et la détection radar sont présentés. La deuxième partie a pour but d'introduire le radar à ouverture synthétique bistatique. Dans un premier temps, nous donnons les définitions de l'image radar et le radar imageur, avant d'aborder le principe de fonctionnement d'un radar imageur et le principe de formation des images radar ainsi que les résolutions des images radar. Dans un deuxième temps, des généralités, définitions, historique, principe de fonctionnement et les différents modes d'acquisition en imagerie SAR sont introduits. Ensuite, les configurations des SAR et la modélisation du signal SAR en configuration monostatique sont arborées aux derniers paragraphes, le principe, les différents modes d'acquisition et la géométrie d'un SAR bistatique sont présentés. Comme la présence du bruit dans le système radar ou SAR déforme l'information, le clutter est l'objectif de la troisième partie dans ce chapitre. Dans cette partie une définition, des types de clutter ainsi que leurs modèles statistiques sont abordés.

Dans le deuxième chapitre, nous aborderons quelques notions sur les fractals en commençant par la définition après un bref historique puis les propriétés et les classifications fractales et nous terminerons par quelque application des fractals. Il sera aussi question d'aborder la dimension fractale.

Le but du troisième chapitre est de présenter notre première contribution. Elle consiste en la détection SAR bistatique par la formation des images des scènes éclairées par un SAR de type multicapteurs multifréquences en utilisant trois algorithmes de reconstruction des images. Le chapitre est structuré en cinq parties, la deuxième partie, après une introduction, introduise la théorie des trois algorithmes utilisés. La troisième partie est utilisée pour présenter le contexte de mesure BABI d'ONERA. La quatrième partie est consacrée à la présentation de nos simulations et la validation des résultats constitue la cinquième partie. Ces résultats sont celles des images formées par les algorithmes en absence puis en présence de deux types de bruits

Weibull et K, réels et complexes. Les discussions des résultats et les comparaisons entre les trois algorithmes sont présentées dans cette partie.

La deuxième contribution constitue le quatrième chapitre. Elle est basée sur la détection radar par l'utilisation de la dimension fractale. Le chapitre est structuré donc en cinq parties, la deuxième partie, après une introduction, aborde, les méthodes les plus utilisées pour le calcul de la dimension fractale. La troisième partie est utilisée pour présenter notre algorithme d'estimation de la dimension fractale par la méthode de comptage des boîtes et les résultats des tests effectués par cet algorithme sur des signaux des mouvements browniens ayant des dimensions fractales connues. Ensuite, nous présentons nos résultats des simulations sur des données synthétiques et expérimentales en présence de deux types de bruits complexes d'amplitudes Weibull et K dans la quatrième partie. Pour chaque type de données, un détecteur fractal dont le principe est fondé sur la dimension fractale sera proposé et utilisé pour une décision de présence ou d'absence des cibles. Les résultats seront discutés et des comparaisons seront présentées dans cette partie.

Nous terminerons ce manuscrit par une conclusion générale et les perspectives ouvertes par ces deux contributions.

En annexe, le lecteur pourra trouver les différentes lois des distributions ainsi que leurs caractéristiques.

CHAPITRE I

GÉNÉRALITÉS SUR L'IMAGERIE RADAR

Sommaire

I.1 INTRODUCTION

Le but de ce chapitre est de présenter la détection radar et le principe de l'imagerie du radar à ouverture synthétique bistatique (BiROS ou BiSAR) ainsi que le fouillis (ou clutter en anglo-saxon). Le chapitre est donc structuré en trois parties. La première partie introduit des généralités sur le radar. Après des définitions et un bref historique, le principe de fonctionnement du système et la détection radar seront présentés. Cette dernière fera l'objet de la deuxième contribution, fondée dans le quatrième chapitre. La deuxième partie a pour but d'introduire le BiSAR. Pour cela, nous donnons des définitions de l'image radar et le radar imageur, avant d'aborder le principe de fonctionnement d'un radar imageur et le principe de formation des images radar ainsi que les résolutions des images radar. Dans un deuxième temps, des généralités, définitions, historique, principe de fonctionnement et les différents modes d'acquisition en imagerie SAR sont introduits. Ensuite, les configurations des SAR et la modélisation du signal SAR en configuration monostatique sont arborées. Enfin, le principe, les différents modes d'acquisition et la géométrie d'un BiSAR sont présentés. Cette partie constitue une base théorique pour les données de mesures utilisées dans ce travail et l'objectif de la première contribution, organisée dans le troisième chapitre, qui est de la reconstruction des images BiSAR par différents algorithmes.

Comme la présence du bruit dans le système radar ou le SAR déforme l'information, le clutter est l'objectif de la troisième partie dans ce chapitre. Dans cette partie une définition, les types de clutter ainsi que leurs modèles statistiques sont abordés. Deux de ces modèles statistiques sont utilisés dans notre travail et seront exposés dans le troisième et le quatrième chapitre.

I.2 LE RADAR

I.2.1 Définitions

I.2.1.1 Le radar

RADAR est un acronyme anglais, d'origine américaine, de Radio Detection And Raning [56-58], qui peut être traduit par "détection et estimation de la distance parondes radio". Cet acronyme a remplacé le sigle anglais précédemment utilisé RDF (Radio Direction Finding) [59].

Un radar est un système électrique qui transmet des ondes électromagnétiques (OEM) Radio Fréquence (RF), grâce à une antenne suffisamment grande, vers une région d'intérêt et reçoit et détecte les OEM lorsqu'elles sont réfléchies par des objets (cibles) tels que les avions, bateaux, ou encore la pluie, qui sont situés à l'intérieur de son volume de couverture pour en extraire des informations comme la position, la vitesse et la forme. La position est obtenue grâce au temps aller/retour du signal, la direction grâce à la position angulaire de l'antenne où le signal de retour a été capté et la vitesse est mesurée à partir du décalage de fréquence du signal de retour généré par l'effet Doppler [56,57,60]. On retrouve le radar sous différentes formes et il peut être installé sur diverses plates-formes : sol, navire, avion, voiture de police et même sur un satellite [57].

I.2.1.2 La cible

Une cible (target) est tout objet qui interfère avec l'onde émise et réfléchit une partie de l'énergie vers le radar. En fait, la cible est l'objet qu'on veut détecter et le clutter représente les objets non désirés qui interceptent aussi l'énergie et la renvoient [56-58,60].

I.2.2 Historique

Le radar est le résultat de l'accumulation de nombreuses recherches auxquelles les scientifiques de plusieurs pays ont parallèlement participé. Au fil de cette histoire, il existe des points de repère qui correspondent à la découverte de quelques grands principes de base ou à des inventions importantes.

- En 1865, J. Maxwell développe la théorie de la lumière électromagnétique [56].
- En 1886, H. R. Hertz démontra l'existence physique des ondes électromagnétiques qui confirment ainsi la théorie de Maxwell [56,66,61].
- En 1889, Hertz a prouvé expérimentalement que les ondes électromagnétiques se réfléchissaient sur des surfaces conductrices [60].
- En 1904, Christian Hülsmeyer, invente le Telemobiloskop (appareil de prévention des collisions en mer). Il s'agit du premier test pratique du radar ; c'était donc le RAD (radio détection)[60,62].
- En 1921, A. W. Hull développe un oscillateur à haut rendement, le magnétron, qui servira plus tard comme source de l'onde radar [63].
- En 1922, A. H. Taylor et L. C. Young, excitent pour la première fois un navire en bois. D'autre part, Taylor démontra le premier système de radar à ondes entretenues [60-62,64].
- En 1930, L. A. Hyland, lis la première détection d'un aéronef [60-62].
- En 1934, le premier système de radar à impulsions a été développé avec une fréquence de 60 MHz par le laboratoire de recherche naval des États-Unis. Dans un même temps, les systèmes radar pour le suivi et la détection des appareils ont été développés aussi bien en Grande-Bretagne, France et en Allemagne, donnant naissance aux radars à ondes décimétriques [60-62,64].

- Cependant, ce n'est qu'en 1935, après les travaux de Robert Watson-Watt que le radar se fait réellement connaître. Dans la même année, il met au point un radar météorologique pour détecter les masses nuageuses [60,65].
- En juin 1936, MM. Mesny et David détectent pour la première fois le passage d'avions [62].
- En 1937, Metcalf et Hahn développent le klystron (un tube à vide qui permet de réaliser des amplifications de moyenne et forte puissance) qui sera après un autre équipement important du radar [61,62].
- De manière générale, le radar était quasiment prêt dans sa forme actuelle à l'aube de la Seconde Guerre mondiale (1939-1945). Il manquait cependant l'expérience opérationnelle. Ainsi, les radars aéroportés ont été développés pour donner la possibilité à l'armée aérienne de procéder aux bombardements. Depuis cette guerre, les radars sont utilisés dans de nombreux domaines allant de la météorologie, l'astrométrie en passant par le contrôle routier et le contrôle aérien en 1943 [61,62,65].
- En 1946, L'équipe du professeur Zoltán Lajos Bay fut la première à capter le retour d'un faisceau radar depuis la Lune [63].
- Pendant la guerre froide (1947-1991), les radars continuent leurs évolutions comme l'invention du radar à ouverture synthétique (ROS) dans les années cinquante [62,64] et les systèmes radar modernes actuels dans les années soixante-dix. D'autre part, le radar fait son apparition dans le domaine civil [66].

I.2.3 Principe de fonctionnement du radar

Le fonctionnement du radar est basé sur les propriétés des ondes radio, qui se propagent dans le vide à la vitesse de la lumière. Un émetteur puissant diffuse, au moyen d'une antenne, un faisceau d'ondes électromagnétiques (pulsées ou continues) concentré vers une direction souhaitée. Lorsque ces ondes rencontrent un objet, elles se réfléchissent selon la nature physique de cet objet, formant ce qu'on appelle un écho radar. Cet écho, renvoyé vers le radar, est capté par l'antenne. Au niveau du récepteur, le signal réfléchi, après avoir été amplifié, est numérisé et transformé en signal lumineux visualisable sur un écran [57,58,61].

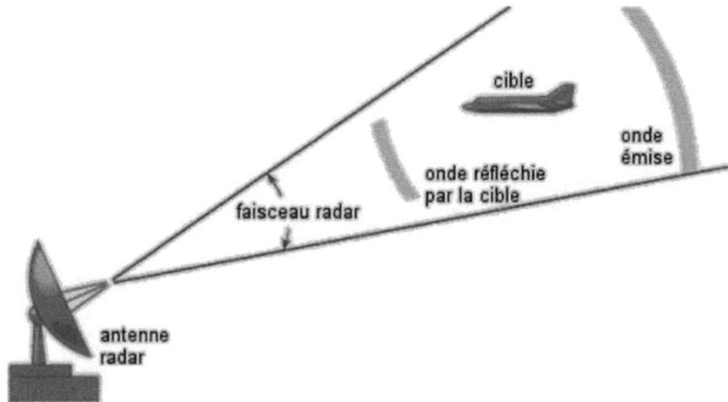

Fig. 1.1 Principe d'un système Radar

I.2.4 La détection radar

Dans les applications radar, le terme détection signifie la présence d'une cible radar dans le volume spécifié de l'espace. Cela s'appelle détection radar ou détection de la cible [56,58,60]. Pour des signaux faibles en présence de bruit, la détection est équivalente à décider si la sortie du récepteur est à cause du bruit seul ou le signal plus le bruit [57,60]. Cette décision est prise entre deux conditions mutuellement exclusives ; H_1: cible présente et H_0: cible absente [58-60]. Cependant, ces conditions sont inconnues et donc la décision, fondée sur le critère de détection choisi, doit être faite après observation par l'opérateur, en comparant l'intensité (amplitude) de la sortie d'un récepteur avec un niveau de seuil (le but de ce seuil est de diviser le résultat en une région de non-détection et une région de détection) [57]. Une des deux décisions peut être faite: cible présente ou cible absente. En conséquence, il y a quatre cas possibles [58,60]:

- Décider H_1, H_1 vraie $\rightarrow$ détection correcte ;
- Décider H_0, H_0 vraie $\rightarrow$ non-détection correcte.
- Décider H_1, H_0 vraie $\rightarrow$ fausse alarme ;
- Décider H_0, H_1 vraie $\rightarrow$ cible manquée ;

Dans les deux premiers cas, la bonne décision est prise, alors que dans les deux derniers cas une erreur est commise. En détection radar, on parle plutôt de probabilité de détection Pd pour décrire la probabilité qu'une cible soit présente dans le signal et soit bien détectée par l'opérateur [58,60,67].

$$Pd = P_r(\text{décider} H_1 \text{alors que } H_1 \text{est vraie}) \tag{1.1}$$

ou encore de probabilité de fausse alarme Pfa pour décrire la probabilité que l'opérateur décrète la présence d'une cible alors qu'aucune n'était présente dans le signal [58,60,67].

$$Pfa = P_r(\text{décider} H_1 \text{alors que } H_0 \text{est vraie}) \tag{1.2}$$

La procédure de décision s'appuie, sur un détecteur. Idéalement, on recherche un détecteur qui va maximiser la probabilité de détection tout en minimisant la probabilité de fausse alarme.

Les trois critères les plus répandus pour définir la procédure de décision sont ; les critères de décision bayésienne, le critère du minimax, et le critère de Neyman-Pearson. Un bon compromis est donné par le critère de Neymann-Pearson qui vise à maximiser la probabilité de détection Pd pour un taux de fausses alarmes Pfa=α fixé (dans la pratique, le plus faible possible). Le critère de Neyman-Pearson conduit en pratique au test du rapport des vraisemblances des données :

$$\Lambda(y) = \frac{p(y|H_1)}{p(y|H_0)} \underset{H_0}{\overset{H_1}{\gtrless}} \eta \tag{1.3}$$

où $p\ (y|H_0)$ et $p\ (y|H_1)$ représentent respectivement la densité de probabilité (ou vraisemblance) des données "y" sous les deux hypothèses H_0 et H_1, et "η" est le seuil de décision [58,68].

Dans le test du rapport des vraisemblances des données, "η", est déterminé pour avoir Pfa = α fixée, et se calcule en résolvant l'une des deux équations suivantes :

$$P_{fa} = IP(\Lambda(y; H_0) > \eta) = \alpha \tag{1.4}$$

$$P_{fa} = \int_{D_0} p(y/H_0)dy \tag{1.5}$$

où D_0 est l'ensemble des "y" contenus dans le domaine de décision de l'hypothèse H_0.

Il est souvent difficile d'obtenir une expression analytique de ces équations, et le calcul de "η" s'effectue soit en résolvant numériquement (1.4) ou (1.5), soit par la méthode de Monte-Carlo [58,68].

Une fois le seuil de détection déterminé, le calcul de Pd peut s'effectuer de deux manières différentes :

$$P_d = IP(\Lambda(y; H_1) > \eta) \tag{1.6}$$

$$P_d = \int_{D_1} p(y/H_1)dy \tag{1.7}$$

où D_1 est l'ensemble des "y" contenus dans le domaine de décision de l'hypothèse H_1. Comme pour le calcul du seuil de détection à Pfa fixée, il est très rare d'obtenir une expression analytique de Pd [58,68].

I.3 L'IMAGERIE RADAR

De nos jours, l'utilisation de systèmes d'imagerie aéroportés ou satellitaires est essentielle. Parmi les différents systèmes d'imagerie possibles se trouve la famille des radars imageurs [69]. L'imagerie radar permet la formation des images par tous les temps, de jour comme de nuit, apportant ainsi des avantages par rapport à l'imagerie optique [60,69]. L'imagerie radar présente de nombreux intérêts et trouve son utilité dans différents secteurs tels que militaire, océanographie, agriculture, cartographie de la terre, les autres planètes, ... [60,70].

I.3.1 Définition

I.3.1.1 Le radar imageur

Unr adar imageur est un radar actif (émet lui-même le signal d'illumination, ce qui lui confère la possibilité de fonctionner de jour comme de nuit, à la différence des capteurs dits passifs qui sont dépendants des sources d'illumination externes tel le soleil), qui émet un faisceau d'impulsions dans le domaine des longueurs d'ondes centimétriques ou millimétriques (traversent ainsi le couvert nuageux et permettant de mesurer différentes caractéristiques de la scène), pour illuminer une zone de surface et la représenter en deux ou trois dimensions [60,71].

Les systèmes radar imageurs peuvent être montés sur des satellites ou des avions, mais peuvent également fonctionner au sol. Les radars imageurs sont largement utilisés dans des applications tant civiles que militaires [72].

I.3.1.2 L'image radar

Une image radar est la distribution spatiale des sources d'un objet de diffusion, obtenue à la suite de l'analyse du champ électromagnétique diffusé par celle-ci [58].

Elle est composée de nombreux points, ou des éléments d'image (pixels).Chaque pixel de l'image radar représente la rétrodiffusion radar pour cet endroit sur le terrain: les zones sombres de l'image représentent une rétrodiffusion faible (très peu d'énergie a été traduite vers le radar) et les zones plus claires représentent une rétrodiffusion élevée (une grande partie de l'énergie de radar a été renvoyée vers le radar) [58,64].

I.3.2 Principe de fonctionnement

I.3.2.1 Le radar imageur

L'imagerie radar est une technique de télédétection dont le principe est d'émettre, à travers l'antenne du système et en direction d'une scène, une séquence d'impulsions courtes à une longueur d'onde spécifique dirigée perpendiculairement à la trajectoire de la plate-forme du transporteur et de mesurer l'énergie réfléchie par l'écho renvoyé. Tandis que la plate-forme système vole le long de sa trajectoire, tous les signaux renvoyés contenant des informations de réflectivité de surface sont combinés pour former une image de la scène éclairée connue comme données brutes [71].
L'information enregistrée est une donnée complexe : la composante de l'amplitude donne une information sur la nature des objets composant la scène et la composante de la phase porte une information sur le trajet parcouru par l'onde [72].

I.3.2.2 Formation d'une image radar

Pour réaliser une image, le capteur fonctionne successivement en mode émission puis réception. À un instant "*t*" donné, une impulsion d'une certaine durée τ est émise (Fig. 1.2). Le capteur bascule ensuite en mode réception et enregistre pendant une certaine durée Δt, les échos renvoyés par la scène observée. Cet enregistrement permet la formation d'une ligne de l'image. Après une durée égale à PRI (pulse repetition Interval ou la période de répétition des impulsions), le capteur bascule à nouveau en mode émission et une nouvelle impulsion est émise. Entre l'instant "*t*" et (t+ PRI), le porteur, de vitesse "v", s'est déplacé d'une distance v/PRI, ce qui permet l'acquisition de la ligne suivante et donc le balayage des colonnes de l'image [72-74]. Alors, une image radar est une matrice de pixels. Les pixels d'une même ligne ont une distance azimutale identique et les pixels d'une même colonne ont une distance radiale commune [75].

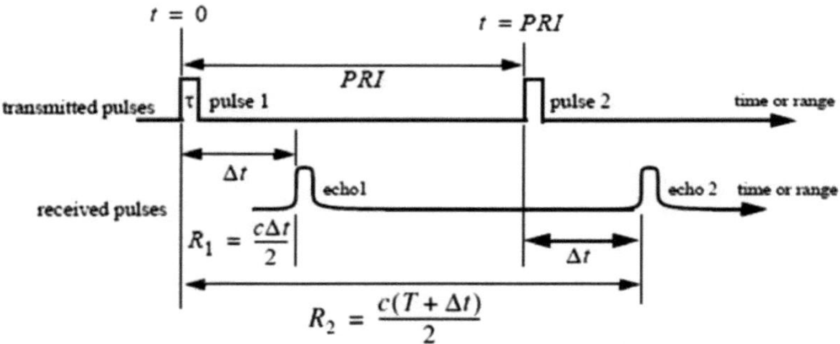

Fig. 1.2 Principe de formation des images radar

I.3.2.3 Résolutions en distance et en azimut des images radar

Un paramètre important dans le système d'imagerie radar est sa résolution qui est la distance minimale requise entre deux points du sol pour être séparés dans l'image, en distance ou en azimut. Il existe donc deux résolutions définies en radar [72,76]:

a) La résolution en distance

La résolution en distance (radiale) δx est donnée par la distance radiale minimale entre deux cibles pour que leurs échos ne soient pas mélangés (Fig. 1.3 (a)). Cette valeur est fonction uniquement de la durée τ de l'impulsion émise (équation 1.4). Pour obtenir une bonne résolution en distance, il faut que ces échos soient séparés d'une durée au minimum égale à τ.

$$\delta x = \frac{c\tau}{2} \tag{1.8}$$

où "c" est la célérité de la lumière dans le vide.

b) La résolution en azimut

La résolution en azimut (spatiale) δy est définie comme la distance minimale à laquelle deux objets différents sont détectés séparés par le système. La résolution en azimut est en fonction de l'angle $\theta o = \frac{\lambda}{D}$ de l'ouverture du lobe principal du diagramme d'antenne du signal émis (Fig. 1.3 (b)). Elle est donnée, de manière approchée, par l'équation suivante [72,77]:

$$\delta y = \frac{R \cdot \lambda}{D} \tag{1.9}$$

où R est la distance (ou portée (range) entre le SAR et la cible, H : hauteur au-dessus du sol de l'antenne, D la longueur réelle de l'antenne et λ longueur d'onde du faisceau transmis.

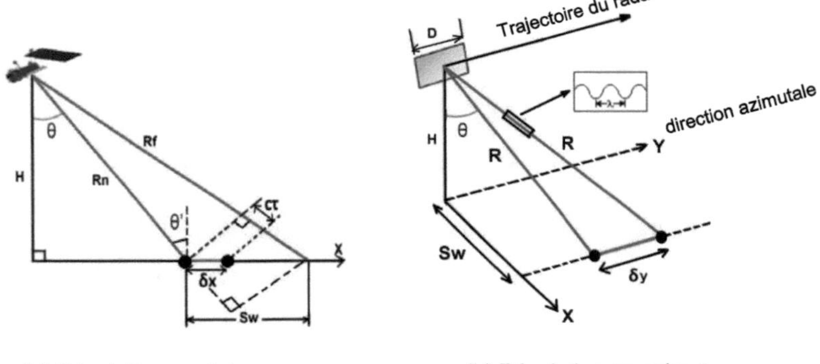

(a) Résolution en distance (b) Résolution en azimut

Fig. 1.3 Résolutions du radar

Rn est la portée proximale, Rf est la portée distale, Sw est fauchée, θ est l'angle de vue ou angle incidence global, θ' est l'angle d'incidence local.

I.3.3 L'imagerie radar à ouverture synthétique

I.3.3.1 Introduction

En fonction de la longueur de l'antenne utilisée pour la réception et la transmission de signaux, les radars imageurs peuvent être classés en deux catégories: radars à ouverture réelle (ROR) et radars à ouverture synthétique (ROS). La principale différence entre ces systèmes réside dans leur capacité de résolution spatiale [78]. Afin d'obtenir les résolutions radiale et azimutale des images élevées, les courtes longueurs d'onde et les grandes tailles des antennes sont nécessaires. Toutefois, il est difficile de fixer une grande antenne sur une plate-forme de charge aéroportée ou satellitaire. Alors, les systèmes ROR présentent une limitation technique pour augmenter la résolution azimutale [71,79]. L'imagerie radar à ouverture synthétique comble cette lacune et permet donc de construire des images à haute résolution [71,78,79].

I.3.3.2 Description du radar à ouverture synthétique

La synthèse d'ouverture est une technique qui utilise un traitement de signal pour améliorer la résolution au-delà de la limitation de l'ouverture physique de l'antenne [79]. Le SAR constitue un système d'imagerie actif puissant pour l'observation terrestre muni d'une antenne à ouverture synthétique pour laquelle le déplacement du satellite ou de l'avion, dans la direction appelée la direction azimutale, permet de synthétiser une antenne de grandes dimensions (Fig. 1.4) ce qui améliore la résolution spatiale du capteur [78,80]. Les SAR opèrent dans le domaine micro-ondes (1-10GHz) [70,79]. Ils peuvent être embarqués sur des satellites (systèmes SAR satellitaire ou spatial) ou sur des avions (systèmes SAR aéroportés) [80]. Ils sont utilisés pour la télédétection, qu'elle soit aérienne ou satellitaire

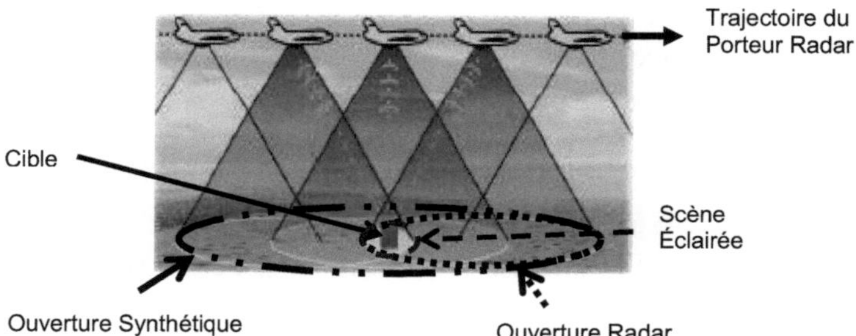

Fig. 1.4 Principe de l'ouverture synthétique

I.3.3.3 Historique

Les premières applications du Radar en tant que système imageur ont été effectuées dans le cadre du ROR dans les années cinquante [81]. Malheureusement, le ROR est limité en résolution. Pour contourner ce problème, Carl Wiley en 1951 a établi de manière assez visionnaire le principe du ROS [78,81]. Les premiers essais expérimentaux furent réalisés dès 1952 en utilisant des techniques holographiques, car la puissance de calcul nécessaire pour réaliser les algorithmes de manière numérique n'était alors pas disponible [78,82]. Dans le même temps, des développements similaires étaient effectués dans d'autres pays comme la Russie, la France et le Royaume-Uni [64]. Le premier système SAR aéroporté a été mis en œuvre en 1953 par le centre de recherche Goodyear à Litchfield [64,78]. En 1957 la première image SAR, focalisée de manière optimale, a été obtenue [75,81]. Les premiers essais en vol donnant de premières images de 10 mètres de résolution, ont été en 1964 et

d'un mètre de résolution en 1969 [61]. Dès le début des années soixante-dix, un système temps réel est apparu et les radars bistatiques ont été développés [62,83].En 1972 un ROS pour l'étude de la surface géologique de la lune a été embarqué [70]. Le satellite civil SEASAT (SeaSatellite) pour l'observation de la terre a été placé sur orbite en 1978 [69]. En 1980 Un système d'instrumentation multistatique a été installé pour le suivi précis des missiles balistiques [62]. Les premières applications civiles de la télédétection radar débutèrent en 1981 le JPL/NASA (Jet Propulsion Laboratory /NASA) et en 1984 le SIR-B (Shuttle Imaging Radar-B) [69,72]. En 1989 le radar bistatique non militaire a été produit aux États-Unis [62].
L'imagerie radar s'est ensuite développée, aujourd'hui elle est à la base de grands projets spatiaux, tels les satellites d'observation terrestre ERS1 (European Remote-Sensing) (1991) JERS (Japan Earth Resources Satellite) (1992), ERS-2 et RADARSAT (1995), ENVISAT (ENVIronment SATellite) (2002) ALOS (Advanced Land Observing Satellite) (2004), CSK (COSMO-SkyMed) (2006), TerraSAR (2008) [81,83].

I.3.3.4 Principe de fonctionnement du ROS

Le processus de génération d'une image ROS (Fig. 1.5) peut être divisé en deux étapes: l'acquisition et la synthèse (ou compression). L'acquisition des données, s'effectue par une émission périodique des impulsions électromagnétiques, de durée finie très courte à une fréquence donnée, par l'antenne du radar qui se déplace dans la direction azimutale afin d'illuminer une zone du sol, appelée l'empreinte de l'antenne, se composant d'une ou plusieurs cibles [72,79,80]. Entre les impulsions, l'antenne devienne réceptrice et collecte et enregistre l'énergie, renvoyée par la surface imagée vers le radar, appelée rétrodiffusion. À mesure que la plateforme avance, le même point est cependant illuminé plusieurs fois, on obtient ainsi une série de données pour chaque point [81]. Dans un premier temps la réponse d'un diffuseur unique est formulée, puis la formation complète d'une image SAR complexe est obtenue par la superposition des contributions de l'ensemble de réponses des diffuseurs. Les ensembles des données enregistrées forment ainsi la scène observée, appelé vidéo brute [80,84]. L'information de la réflectivité est obtenue au moyen d'une focalisation de la vidéo brute, appelée synthèse [84].Cette synthèse est réalisée au moyen d'algorithmes appelés processeurs SAR ou algorithmes de formation d'image SAR. L'image radar brute est alors une matrice temps-distance. La dimension temps représente l'instant où l'impulsion a été émise, tandis que la dimension distance correspond au temps de propagation [84].

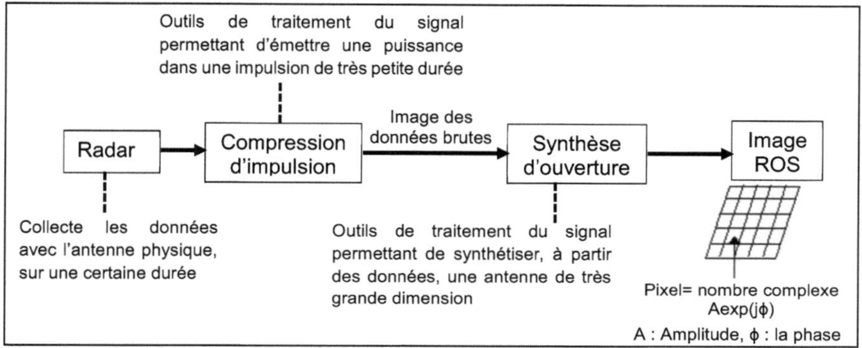

Fig.1.5 Processus de génération d'une image ROS

1.3.3.5 Différents modes d'acquisition en imagerie SAR

Construire une antenne synthétique peut s'effectuer de différentes modes d'acquisition suivant les applications visées. Les modes de fonctionnement de base sont le stripmap, le scan et le spotlight [70,76,79,85] (Fig. 1.6) :

a) Le mode stripmap

Dans ce mode, l'antenne radar, orientée perpendiculairement à la direction de déplacement du porteur, garde la même direction de pointage durant toute la durée de l'acquisition (pendant tout le trajet de vol). L'image est alors formée en défilement continu en permettant de former des images de grande dimension azimutale. C'est, d'ailleurs, le mode principal d'acquisition des données SAR de l'ONERA.

b) Le mode spotlight (telescope)

Le principe consiste à faire varier l'angle de visée du faisceau de l'antenne lors du déplacement du radar de sorte que la zone imagée reste le plus longtemps possible dans le lobe de l'antenne physique. De cette manière, on augmente la dimension de l'antenne synthétique par rapport au cas d'une acquisition stripmap ainsi les résolutions en distance et en azimut vont être améliorées. Cette technique est envisageable sur les systèmes capables de dépointer leur antenne afin de suivre une zone au sol.

c) Le mode scanSAR

Le mode scansar est utilisé par un radar ayant un angle d'incidence faible afin d'augmenter la fauchée. Lors du déplacement de l'antenne dans la direction azimutale, le radar effectue un balayage dans le domaine distance. Le temps d'éclairement naturel est partagé en n segments dont chaque segment est consacré à l'observation d'une fauchée différente. Les fauchées sont choisies adjacentes et le nombre de segments est ajusté pour atteindre la fauchée totale recherchée. Ce mode offre un compromis entre des dimensions de balayage plus larges et une résolution azimutale médiocre.

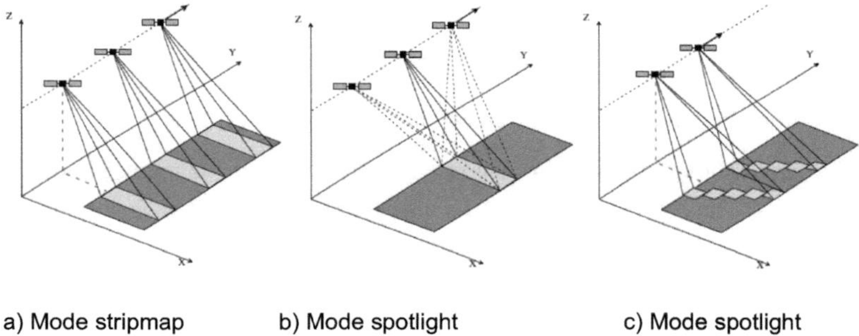

a) Mode stripmap b) Mode spotlight c) Mode spotlight

Fig. 1.6 Différents modes d'acquisition en imagerie RSO

I.3.4 Les configuration des SAR

Selon l'emplacement des antennes émettrice et réceptrice, on distingue deux types de configuration radar ; monostatique et bistatique. Dans une configuration monostatique (Fig.1.7 (a)), l'émetteur et le récepteur partagent tous les deux la même antenne, c'est la configuration classique pour un radar. En imagerie radar monostatique, deux configurations sont possibles: soit le radar est en mouvement, le plus souvent en ligne droite, et la cible est immobile : on parle alors d'imagerie en antenne synthétique, soit le radar est fixe et la cible est mobile, on parle d'imagerie en antenne synthétique inverse (mais l'approche mise en œuvre est la même). À l'inverse, dans une configuration bistatique, le système possède une antenne en émission et une autre en réception (Fig. 1.7 (b)) [58,60,62,84]. Il existe deux configurations bistatiques: un récepteur et un ou plusieurs émetteurs, ou un émetteur et un ou plusieurs récepteurs, c'est la configuration dite multistatique (Fig. 1.7 (c)). Le fait de posséder plusieurs antennes permet au système de collecter plus d'informations sur la scène observée [50,82,86].

Chaque configuration offre ses propres avantages et inconvénients et le choix d'utilisation dépend principalement de l'application envisagée. L'un des avantages de la configuration monostatique est qu'elle permet de réduire le coût de mise en œuvre (ressources partagées) et elle est plus simple à déployer. Par contre, l'information extraite est limitée car seul le signal rétrodiffusé est exploité. Dans une liaison bistatique, la détection et la localisation du radar sont plus compliquées à cause de la séparation des antennes émettrice et réceptrice(problème de synchronisation). L'un des plus grands avantages de la configuration bistatique est le volume important d'informations récupérées sur la cible et la zone observée.

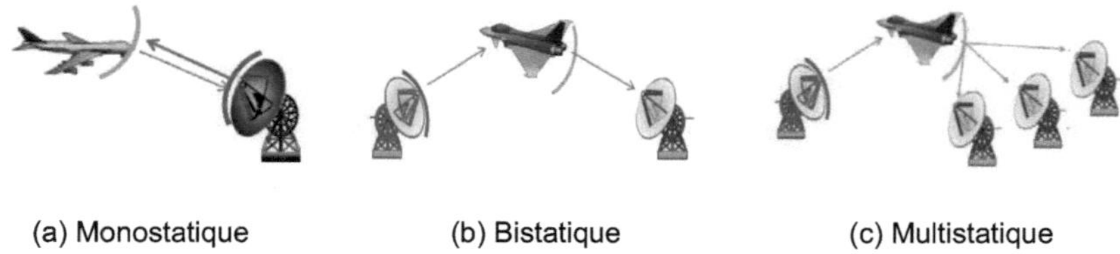

(a) Monostatique (b) Bistatique (c) Multistatique

Fig. 1.7 Configuration des ROS

I.3.5 Modélisation du signal SAR en configuration monostatique

Pour développer la modélisation du signal SAR monostatique 3D [79], nous nous appuyons sur la figures 1.8 (a) et (b) en posant les hypothèses suivantes :

- Le radar se déplace suivant une direction parallèle à l'axe azimut y et parcourt une distance 2L ;
- En milieu de parcourt, le radar est à une distance $R_1 = \sqrt{X_1^2 + Y_1^2 + Z_1^2}$ par rapport au centre O de la zone imagée; X_1 est la distance séparant le radar et le point O selon l'axe x, Y_1 la distance séparant le radar et le point O selon l'axe y et Z_1 l'altitude à laquelle circule l'avion ;
- L'antenne pointe dans une direction θ1 = arctan (Y1/X1) par rapport à la trajectoire de vol dans le plan (x, y) ;

- La position du porteur de l'antenne radar, sur sa trajectoire de vol, est caractérisée par la variable "u". Cette variable u prend ces valeurs dans l'intervalle [−L,+L]. Pour chaque position de l'antenne, le radar émet une impulsion et reçoit une somme des signaux échos provenant des points de la cible ;
- Pour chaque position u de l'antenne, le radar émet une impulsion p(t) et reçoit le signal $p_r(t, u)$ correspondant à la somme des signaux échos provenant des points de la cible. Ces signaux échos sont des répliques retardées du signal émis. Le retard qu'accuse un signal écho provenant d'un réflecteur positionné en B= (x,y, z) est fonction de la distance antenne-réflecteur. Lorsque l'antenne est à une position u sur sa trajectoire, ses coordonnées dans le repère (x, y, z) sont (X1, u +Y1,Z1) ; En assimilant l'antenne est à un point A, la distance antenne-réflecteur est :

$$R_{AB} = \sqrt{(x_A - x_B)^2 + (y_A - y_B)^2 + (z_A - z_B)^2} \quad (1.10)$$

$$R_{AB} = \sqrt{(X_1 - x)^2 + (u + Y_1 - y)^2 + (Z_1 - z)^2} \quad (1.11)$$

En rappelant que les signaux se propagent à la vitesse de la lumière "c" en milieu ambiant et que le signal parcourt deux fois la distance antenne-cible pour revenir au radar, le retard du signal écho par rapport au signal émis est :

$$t_{AB} = \frac{2\, R_{AB}}{c} \quad (1.12)$$

Ainsi, le signal que reçoit le radar et provenant de l'ensemble des réflecteurs de la cible, lorsque l'avion est à la position "u" sur sa trajectoire de vol est:

$$p_r(t,u) = \int_{R^3} I(x,y,z)\, p\left(t - \frac{2}{c}\sqrt{(X_1 - x)^2 + (u + Y_1 - y)^2 + (Z_1 - z)^2}\right) dxdydz \quad (1.13)$$

où $I(x,y,z)$ est l'image 3D des réflecteurs qui se formule comme :

$$I(x,y,z) = \sum_{i=1}^{n} \sigma_i \delta(x - x_i, y - y_i, z - z_i) \quad (1.14)$$

où − n est le nombre de réflecteurs dans l'image ;

- $\sigma_i = A_i \, exp\,(j\phi_i)$ est le coefficient de réflectivité (Ai est l'amplitude et ϕi la phase propre du réflecteur i)
- (xi, yi) la localisation dans le plan (x, y) du réflecteur i ;
- zi est l'élévation de ce réflecteur par rapport au sol.

Cette action émission/réception est répétée pour chaque position u de l'avion sur sa trajectoire de vol. L'ensemble des données ainsi récoltées par le radar {pr(t, u), u ∈ [−L,+L]} va servir à former l'image de terrain grâce à un algorithme de reconstruction d'images.

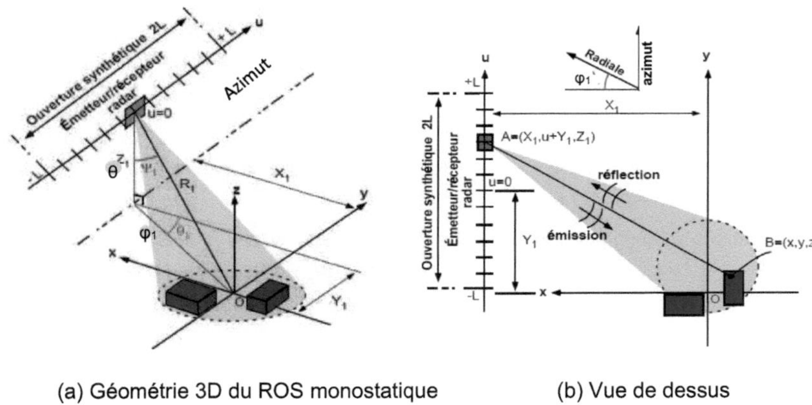

(a) Géométrie 3D du ROS monostatique (b) Vue de dessus

Fig. 1.8 Imagerie ROS monostatique en configuration 3D.

I.3.6 Le SAR bistatique

I.3.6.1 Définition

Le SAR bistatique est une avancée prometteuse et utile des systèmes SAR monostatiques. Le SAR bistatique est un radar à synthèse d'ouverture constitué d'un émetteur et un récepteur séparés par une distance comparable à la portée maximale prévue de détection de la cible [60,62,84,86]. Cette dernière est similaire à celle du radar monostatique (les cibles sont éclairées par l'émetteur et les échos sont détectés et traités par le récepteur) [86]. Les BiSAR utilisent une combinaison de plates-formes terrestres, spatiales, aéroportées ou stationnaires.

Les systèmes bistatiques ont historiquement été utilisés en premier en 1933 mais ils ont été abandonnés. Il aura fallu attendre l'invention du duplexeur pour permettre de commuter le radar en deux modes, l'un capable d'émettre à haute puissance et l'autre capable de traiter des signaux de faibles puissances. D'autre part, une première résurgence des systèmes bistatiques a fait son apparition dans les années 1950, lorsque les premiers missiles furent mis au point BiSAR [60,62,87]. La recherche militaire fut la première à s'intéresser à la configuration bistatique pour des applications telles que la localisation précise de cibles ou la discrétion du récepteur [71,86].

I.3.6.2 Différents modes d'acquisition en BiSAR

La recherche dans le BiSAR est généralement basée sur une configuration spécifique car les caractéristiques varient en fonction de la configuration. Le BiSAR a été conduit dans l'air-air [88,89] air-espace [90], espace-espace [91,92], l'air-sol [93] et l'espace-sol [94-97] configurations. Dans notre étude nous avons utilisé la configuration espace-sol de type multirécepteur de l'ONERA
Par conséquent, il est nécessaire de classifier la configuration du BiSAR. A partir de la géométrie de l'image représentée sur la figure 1.9, on peut voir que les configurations se change en fonction des chemins et des vitesses de l'émetteur et du récepteur. Les modes d'acquisition en BiSAR peuvent être classés sur cette base. Ils peuvent être divisés en quatre catégories en fonction de leur complexité [85,98-100].

- Le mode Along Track où les deux plates-formes volent les unes derrière les autressur la même piste, séparées par une distance fixe, avec le même vecteur de vitesse en imageant la scène dans le mode stripmap ;
- Le mode Cross Track où les deux plates-formes volent sur deux voies parallèles (altitudes identiques ou différentes) à la même vitesse. Un tel mode pourrait être motivé par la nécessité de placer une plate-forme d'émission vulnérable et facilement détectable dans une position de sécurité, tandis que la plate-forme réceptrice est placée à une distance plus proche de la zone imagée. Cette configuration est bien adaptée pour le mappage de bande. Cependant, maintenir des vitesses de plate-forme égales peut être une contrainte irréalisable, en fonction du type de plates-formes respectif.

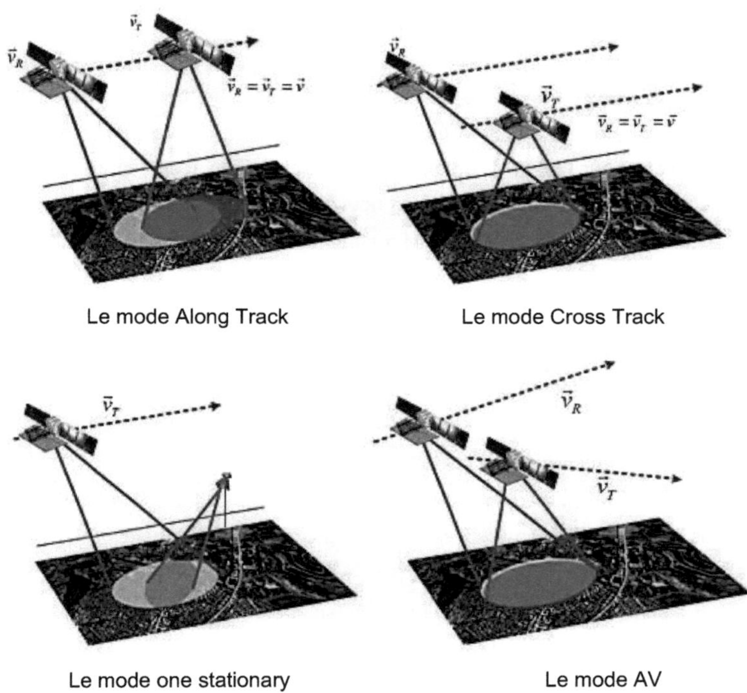

Fig. 1.9 Classification du BiSAR

- Le mode AV où les deux plates formes fonctionnent avec des vecteurs de vitesse différents, tels que le système de BiSAR hybride aérien aéroporté (Une configuration hybride est une configuration azimutale spatioportée / aéroportée où il y a une grande différence dans les altitudes de l'émetteur et du récepteur et aussi dans leurs vitesses).
- Le mode one stationary : ce mode est dit la configuration stationnaire mobile, il est défini de telle sorte que soit l'émetteur soit le récepteur est stationnaire.

I.3.6.3 Géométrie d'un ROS bistatique

Une configuration SAR bistatique générale offre une géométrie complexe, l'émetteur et le récepteur se déplaçant dans des directions différentes avec des vitesses différentes. Dans cette configuration on suppose que [60,62,85-87,101]:

- Les plates-formes volent le long de l'axe y et leurs hauteurs sont le long de l'axe z. La scène imagée est dans le plan xy.
- La figure 1.10 montre le système de coordonnées et les paramètres définissant le fonctionnement du ROS bistatique en configuration générale, dans le plan contenant l'émetteur (E), le récepteur (R) et la cible (Tgt) qu'on l'appelle le plan bistatique. Ainsi, pour chaque position un nouveau plan bistatique est défini ;
- Le triangle formé par l'émetteur, le récepteur et la cible est appelé le triangle bistatique ;
- L'émetteur et le récepteur sont séparés d'une distance appelée le niveau de référence du système et la ligne reliant l'émetteur et le récepteur est connue comme la ligne de base bistatique (baseline bistatic) et notée "L_b" ;
- Les vecteurs de vitesse de l'émetteur et du récepteur sont désignés par v_E et v_R ;
- Le temps le long de l'axe de vol est appelé temps d'azimut τ ;
- Les distances de l'émetteur et du récepteur à partir de la cible ponctuelle sont appelées distances d'inclinaison et sont désignées respectivement par $R_E(\tau)$ et $R_R(\tau)$;
- θ_E et θ_R sont les angles d'incidences instantanés de l'antenne émettrice et réceptrice respectivement. Ils sont également appelés angles d'arrivée (AOA) ou lignes de visée (LOS) ;
- φ_E et φ_R sont les angles d'élévations au plan oxy, des antennes émettrice et réceptrice respectivement ;
- β, appelée l'angle bistatique, est l'angle entre les directions émetteur-cible et cible-récepteur. Il joue un rôle primordial dans la comparaison des performances entre les radars de type monostatique pour lesquels β =0° et ceux de type bistatique :

$$\beta = arcos\left(\frac{{R_E}^2+{R_R}^2+{L_b}^2}{2R_ER_R}\right) \qquad (1.15)$$

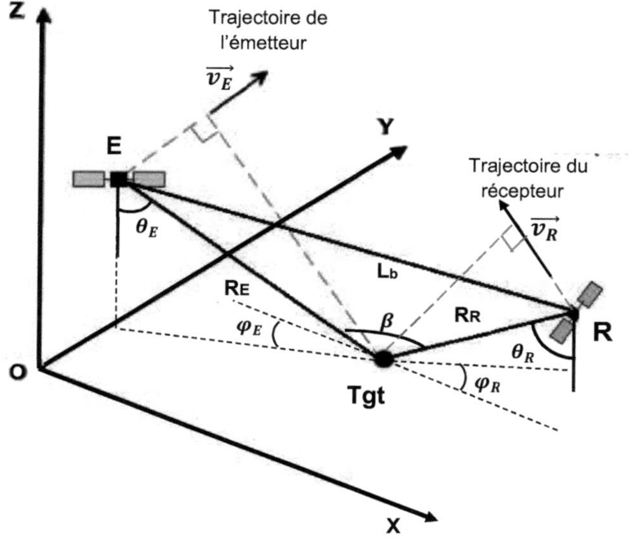

Fig. 1.10 Géométrie générale d'un ROS bistatique

I.3.6.4 Position de la cible

La configuration ROS bistatique diffère de la configuration monostatique par la détermination de l'endroit de la cible, puisque le délai de l'impulsion dans la configuration bistatique est proportionnel à la somme des deux distances R_E et R_R dite la distance bistatique dBist [60,62,86,87].

La distance Cible-Récepteur R_R ne peut être mesurée directement, mais elle peut être calculée par la résolution du triangle bistatique. La solution idéale en cordonnées elliptiques est la relation:

$$R_R = \frac{(R_E+R_R)^2-L^2}{2(R_E+R_R+L\,sin\theta_R)} \qquad (1.16)$$

Cette solution nécessite tout d'abord d'établir l'emplacement de l'émetteur par rapport au récepteur. Les coordonnées de l'émetteur peuvent être envoyées au récepteur par un émetteur dédié ou coopératif. Alternativement, l'emplacement de l'émetteur peut être estimé par un système de localisation d'émetteur, généralement associé au récepteur.

La somme des distances (R_E + R_R) ou la distance bistatique dBist peut être estimée par deux méthodes:

- La méthode directe où le récepteur mesure l'intervalle de temps ΔT_{RE} entre la réception de l'impulsion émise et la réception de l'écho de la cible. Il calcule ensuite dBist par :

$$(R_E + R_R) = C\Delta T_{RE} - L_b \tag{1.17}$$

Cette méthode peut être utilisée avec toute transmission modulée appropriée et tout type d'émetteur, avec une LOS adéquate entre l'émetteur et le récepteur.

- Dans la méthode indirecte, des horloges stables présynchronisées sont utilisées par le récepteur et un émetteur dédié. Le récepteur mesure l'intervalle de temps ΔT_{EE} entre la transmission de l'impulsion et la réception de l'écho de la cible. Il calcule ensuite la somme par :

$$(R_E + R_R) = C\Delta T_{EE} \tag{1.18}$$

Le LOS de l'émetteur vers le récepteur n'est pas requis, sauf si une synchronisation d'horloge périodique est implémentée sur le trajet direct.

Pour les méthodes directes et indirectes, l'équation (1.16) est valide pour tous les emplacements de cible, sauf lorsque la cible se trouve sur la ligne de base, entre l'émetteur et le récepteur. Dans ce cas, (R_E + R_R) = L, θ_R = -90 ° et R_R est indéterminé. C'est-à-dire que l'impulsion transmise et l'écho cible arrivent simultanément au récepteur et que R_R ne peut pas être mesuré.

I.4 LE CLUTTER

L'une des fonctions principales d'un radar est de détecter la présence d'objets d'intérêt noyés dans un bruit ambiant. Ce bruit, qui perturbe la qualité de détection, provient généralement de l'électronique du radar. Dans ce cas, il s'agit du bruit dit "bruit thermique", modélisé comme du bruit blanc gaussien. Dans certains cas, le radar doit également faire face à l'environnement situé autour de la cible à détecter : c'est le cas par exemple des radars terrestres de surveillance du sol qui scrutent l'horizon. Ceux-ci sont alors perturbés par l'existence de réflexions parasites constitutives du milieu ambiant : le sol, les nuages, la pluie, la mer ... . Ces signaux parasites sont généralement assimilés à un bruit aléatoire, se superposent au bruit thermique et constituent ce que l'on nomme "le clutter" [60].

I.4.1 Définition

Le clutter ou échos parasites (clutter en anglais) est un terme utilisé pour décrire n'importe quel objet ou écho radar non désiré qui, sans un traitement approprié, interfère avec le signal souhaité, s'ajoute au retour des vraies cibles et peut faire disparaître ces dernières pour l'opérateur radar [57,58,60]. Comme exemples des clutters, nous pouvons citer :

- Les échos indésirables dans un radar de contrôle aérien conçu pour détecter les avions sont : les reflets de la terre, la mer, la pluie, les oiseaux, les insectes et paillettes, ... [57,58,60,62].
- Les nuages sont ce que le météorologue radar veut voir afin de mesurer le taux de précipitations sur une grande surface, mais ces nuages sont des objets gênants pour un radar de détection des avions [58,60].
- La rétrodiffusion d'écho de la terre peut dégrader la performance de nombreux radars. Cependant, cet écho est la cible d'intérêt pour un radar cartographique de sol, de télédétection des ressources de la terre et pour la plupart des radars à ouverture synthétique [57,58,60].
- Les militaires utilisent des clutter artificiels pour tromper les radars. Il s'agit de lâcher de petites particules réfléchissantes pour dissimuler des mouvements de troupes, de navires ou d'avions en provoquant de nombreux échos et en saturant ainsi le récepteur du radar par une grande quantité de fausses cibles [102].

Ainsi, le même objet peut être la cible souhaitée dans une application et l'écho des parasites indésirables dans une autre [60].

Lorsque les échos du clutter sont suffisamment intenses, ils peuvent limiter la sensibilité du récepteur radar et provoquer de graves problèmes de performance et donc influer sur le rendement de radar [57,58,60]. Le niveau d'interférence entre les échos radar et le signal souhaité, peut être caractérisé alors par le rapport entre la puissance du signal reçu "S" et la puissance du clutter "C". Ce rapport signal sur clutter (SCR), dépend de la cible, la quantité de clutter illuminé, la réflectivité du clutter et l'effet de n'importe quelle technique de réduction du clutter et il est indépendant de la sensibilité du radar [57]. Dans de nombreux cas, le niveau du clutter est beaucoup plus élevé que le niveau de bruit du récepteur. Ainsi, la capacité du radar à détecter les cibles dépend du rapport signal/clutter plutôt que du rapport signal/bruit (SNR) [57].

I.4.2 Classification des clutters

Les clutters peuvent être classés en deux catégories principales : clutter de surface et clutter de volume [57,58,60].

I.4.2.1 Clutter de surface

Le clutter de surface comprend le sol, les arbres, la végétation, les reliefs, les structures artificielles (clutter de terre), la surface de la mer (clutter de mer), les côtes, ... [57,58,60]. Le clutter de mer est un clutter très divers, son écho est en fonction de la hauteur des vagues, la vitesse du vent, la durée et la distance sur laquelle le vent souffle et la direction des vagues par rapport à celle du faisceau de radar. Il dépend aussi de paramètres tels que la fréquence du radar, la polarisation et dans une certaine mesure, la taille de la zone sous surveillance [57,58,60,63].

Le clutter de terre est difficilement classable. L'écho radar de terre dépend du type de terrain, tel que décrit par ses propriétés diélectriques et la rugosité.

Le désert, les forêts, la végétation, le sol dénudé, les champs cultivés, les montagnes, les marécages, les villes, les routes et les lacs tous ont des caractéristiques de diffusion différentes. En outre, l'écho radar dépendra du degré d'humidité des surfaces, la couverture neigeuse et le stade de croissance de toute végétation. Les bâtiments, tours et autres structures donnent des signaux d'écho plus intenses que la forêt ou la végétation à cause de la présence de plat reflétant des surfaces et des réflecteurs en coin. Les masses d'eau, les routes et les pistes des aéroports rétrodiffusent peu d'énergie mais ils sont reconnaissables par le radar [60].

I.4.2.2 Clutter de volume

Le clutter de volume a de grandes étendues et comprend les échos ponctuels comme la pluie, neige, grêle (clutter atmosphérique), la paille, les oiseaux, les insectes, ou autres particules volantes (clutter biologique), les éoliennes, les gratte-ciel ... . Les cibles ponctuelles [57,60].

I.4.3 Les modèles statistiques des clutters

Pour un bruit de nature déterministe, sa modélisation statistique ne dépend que de la distribution du clutter et du bruit thermique. Le bruit thermique étant Gaussien, la modélisation statistique du bruit radar se réduit donc à la modélisation statistique du clutter [56]. Afin de tenir compte de la nature aléatoire du clutter et de tirer parti des résultats obtenus dans le cadre de la théorie statistique de la décision, les radaristes ont opté pour une caractérisation statistique du clutter. Historiquement, les premiers modèles statistiques de clutter étaient des modèles Gaussiens (voir annexe), mais il est vite apparu que le modèle gaussien ne permettait plus de modéliser correctement le clutter. En effet, dans ces conditions, des modèles statistiques non Gaussiens furent proposés dès les années soixante pour modéliser l'amplitude du clutter. Toutefois, la connaissance de la distribution de l'amplitude du clutter ne fournit pas une description statistique suffisante du clutter. Alors, une approche qui consiste à ajouter à la modélisation de l'amplitude une phase aléatoire, indépendante de cette dernière, est apparue [103].

Étant donné que le clutter est composé d'un grand nombre de diffuseurs avec des phases et des amplitudes aléatoires, il est statistiquement décrit par une fonction de densité de probabilité (Pdf Probability density function) [57, 60]. L'avantage d'utiliser un modèle de probabilité est que beaucoup de systèmes sont effectivement décrits par deux paramètres seulement : une moyenne et un écart [63]. Le type de la distribution dépend de la nature du clutter lui-même, la fréquence de fonctionnement du radar et l'angle d'incidence [57,63]. Cette distribution peut être la distribution Rayleigh ou non-Rayleigh. La pdf Rayleigh (voir annexe), s'applique au clutter de la mer, quand la cellule de résolution ou la zone éclairée par le radar, est relativement grande. Les données expérimentales montrent, cependant, que cette distribution ne s'applique pas avec un radar à haute résolution qui illumine uniquement une petite zone de la mer [57,58,60]. L'un des premiers modèles suggérés pour décrire un clutter de pdf non-Rayleigh était la distribution log-normale (voir annexe) car elle a une queue longue (par rapport à la pdf Rayleigh). Cette distribution décrit bien le clutter de terre à faible angle d'incidence. Elle convient également pour le clutter de la mer dans la région du plateau [57,60]. La distribution log-normale est spécifiée par ses deux paramètres : l'écart-type et la valeur moyenne. Ceci la rend adaptée à des données expérimentales mieux que la pdf Rayleigh (spécifiée par un seul paramètre). Les amplitudes proches ou au-dessus de la moyenne la pdf log-normale donne une allure près de Rayleigh et sa puissance est Gaussienne [58,103]. La pdf exponentielle est la plus utilisée pour modéliser la distribution spatiale [58].

Deux autres distributions semblent plus adéquates pour modéliser le clutter : la pdf Weibull et la pdf K [60].La distribution Weibull (voir annexe) est une pdf à deux paramètres, comme le log-normal, mais elle présente des caractères intermédiaires entre les pdf Rayleigh et log-normal [60]. Cette distribution est utilisée pour modéliser le clutter de sol à angle d'incidence faible (moins de cinq degrés) pour les fréquences entre 1 et 10GHz [57] et elle a aussi été examinée pour la modélisation de clutter de mer [57]. La pdf K (voir annexe) a été utilisée pour la première fois en 1976 pour modéliser l'amplitude du clutter de mer, telles que les vagues de la mer [103]. Elle est aussi utile pour décrire le clutter du terrain vallonné et le clutter de volume telles les cellules de pluie. Aujourd'hui ce type de distribution est actuellement le modèle le plus répandu [57,58].

I.5 CONCLUSION

Dans ce chapitre, des généralités sur le radar, l'imagerie radar et le clutter ont été exposés. Dans la première partie, la théorie générale de la détection radar a été le paragraphe essentiel et le but d'étude de notre deuxième contribution : la détection radar par les fractales. Il sera donc l'intérêt du quatrième chapitre après une exposition des généralités sur les fractales dans le chapitre qui suit.

L'imagerie radar a été le but de la deuxième partie de ce chapitre, les principes de fonctionnement d'un radar imageur, d'image radar et du radar à ouverture synthétique ont été élaborés ainsi qu'un rappel sur le BiSAR. Ce dernier est l'intérêt du premier sujet de recherche qui consiste la détection des cibles dans des images BiSAR par l'utilisation de quelques algorithmes de reconstruction des images. Aussi les données réelles du BiSAR, collectées par ONERA, sont utilisées dans les deux sujets de nos recherches.

Dans la dernière partie de ce chapitre, le clutter avec sa définition, ses types et ses modèles statistiques ont été présentés. Le paragraphe, les modèles statistiques du clutter, a été le plus important dans cette partie, deux types de ces modèles sont utilisés dans nos recherches et seront exposés dans le troisième et quatrième chapitres, afin d'étudier les performances de nos contributions en présence du bruit.

CHAPITRE II

GÉNÉRALITÉS SUR LES FRACTALS

Sommaire

II.1 INTRODUCTION

Bien que connus depuis le XIXe siècle, les fractals n'avaient jamais été réellement étudiés et étaient considérés comme des monstres mathématiques jusqu'à ce que le mathématicien français Benoît Mandelbrot crée le concept fractal dans les années soixante-dix. Depuis les années quatre-vingt-dix, de nombreuses études ont été menées autour de la géométrie fractale et dans des disciplines très variées : l'informatique, l'électronique, l'automatique, la médecine, la géophysique mais aussi l'économie et l'art. L'importance de ces nouveaux outils mathématiques a également touché le domaine des sciences naturelles.

Dans ce chapitre, nous aborderons quelques notions sur les fractals, commençant par une définition après un bref historique puis les propriétés et les classifications fractales et nous terminerons le chapitre par quelques applications des fractals. Il sera aussi question d'aborder la dimension fractale.

II.2 DÉFINITION

La géométrie fractale est une notion récente dans le monde scientifique. Si certains mathématiciens en avaient exploré quelques aspects au début du siècle dernier, le terme fractal n'a été introduit qu'en 1975, par Mandelbrot [104]. D'après Mandelbrot, les objets fractals : Fractal, (pl. fractals), adj. se dit d'une figure géométrique ou d'un objet naturel qui présente la même irrégularité à toutes les échelles et dans toutes ses parties. On dit que cet objet est auto-similaire ou symétrique par changement d'échelle (cela fait appel à la notion d'homothétie interne qui est la répétition de formes, de structures, à plusieurs niveaux d'agrandissement) [1,104,105]. Falconer estime quant à lui que la définition de Mandelbrot n'est pas exacte, car il existe des fractals qui ne rentrent pas dans le cadre de cette définition. Estimant que la seconde définition est trop générale, il propose alors de considérer qu'un fractal est mieux défini par un ensemble de propriétés que par une définition stricte qui exclut certains cas. Ainsi, il considère que, lorsqu'une forme F est considérée comme un fractal, les propriétés suivantes sont observables [3,104-105] :

- F possède une structure fine, quelle que soit l'échelle d'observation.
- F est soit extrêmement irrégulière, soit extrêmement interrompue ou fragmentée, quelle que soit l'échelle d'examen et ne peut être traduite en langage géométrique traditionnel.
- F possède souvent des formes d'autosimilarité, de manière approximative ou statistique.
- La dimension fractale de F est plus grande que sa dimension topologique.
- Enfin, une fractale possède une aire finie pour un périmètre infini mentionné

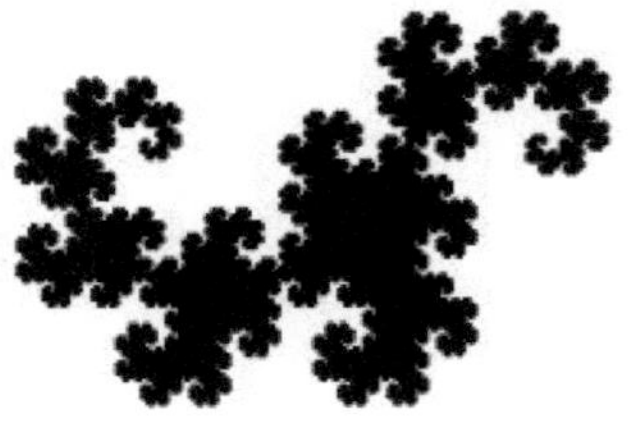

(a) l'irrégularité de l'objet fractal

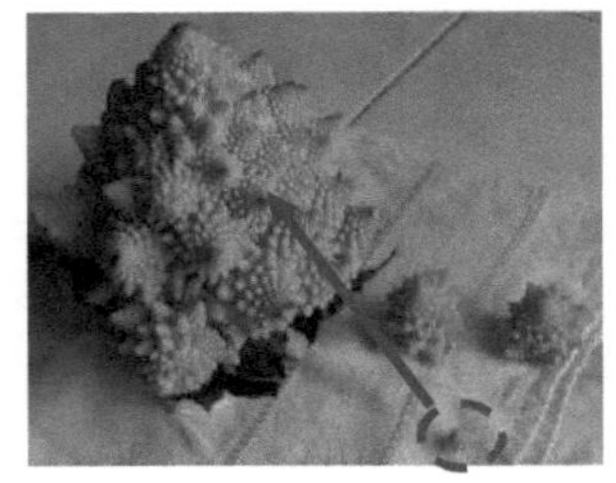

(b) symétrique par changement d'échelle

Fig. 2.1 Un fractal

II.3 HISTORIQUE [1,104-107]

- Les premiers exemples de fractals, la baderne d'Apollonius de Perge, remontent à trois siècles avant J.
- En 1520 apparaît l'image fractale, le pentagone de Dürer.
- En 1827, Robert Brown découvre le mouvement brownien
- En 1877Georg Cantor crée son ensemble : poussière de Cantor.
- En 1890 Giuseppe Péano et en 1891 David Hilbert, construisirent des courbes qui remplissent un carré.
- En 1904, Von Koch proposa une construction aboutissant à une courbe continue (flocon de neige) qui n'a pas de tangente.
- En 1915 apparut le triangle du W. Sierpinski dont l'opération géométrique fractale est appliquée sur une surface.
- En 1918, Gaston Julia et Fatou développent simultanément et de façon similaire la théorie fractale d'un ensemble des points où la série converge vers "0".
- En 1919, le mathématicien Felix Hausdorff découvre une manière différente de celle d'Euclide de calcul de la dimension d'un objet appelée la dimension de Hausdorff.
- À partir de 1960, le mathématicien Benoît Mandelbrot assemble toutes les découvertes d'avant en développant la notion de dimension fractale. Alors, en 1964 il définit, le concept de self-similarité ou autosimilarité et en 1975, il créa le mot "fractale" du latin "fractus". Par la suite, dans les années 80, il créa son ensemble qui englobe tous les ensembles de Julia.

La figure 2.2 présente un résumé chronologique sur l'historique des fractals.

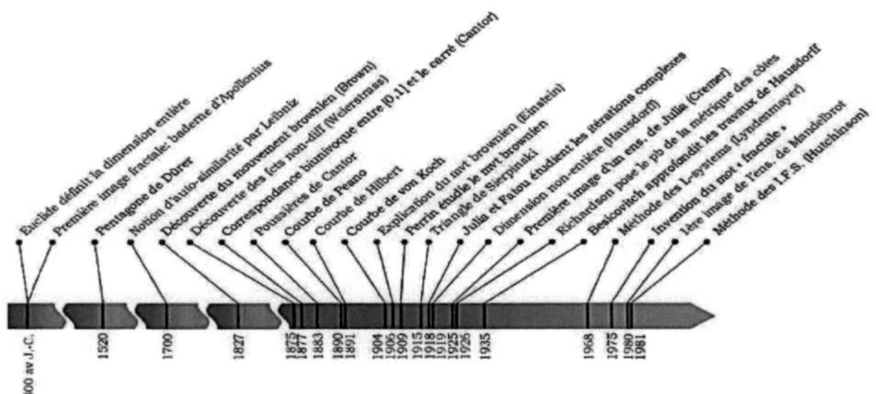

Fig. 2.2 Résumé chronologique de l'historique des fractals

II.4 PROPRIÉTÉS DES FRACTALS

II.4.1 L'autosimilarité

La caractéristique fondamentale des fractals est l'auto-similitude (autosimilarité, homothétie interne ou encore invariance d'échelle). Ce terme signifie que dans une figure, certains détails, de grosseurs variables, présentent une structure quasiment semblable à celle de l'ensemble de la figure [6,104].

Il existe l'autosimilarité parfaite où toutes les parties ont la même forme, la même structure et les mêmes proportions que l'objet tout entier sauf qu'elles sont à une échelle différente et peuvent être légèrement modifiées [6,104], et l'autosimilarité approchée ou l'auto-affinité où les fractals ne sont auto-similaires que sur un intervalle limité. L'invariance d'échelle devient alors statistique et une partie de l'objet n'est plus un modèle du tout, mais en possède seulement les mêmes propriétés statistiques de l'autosimilarité (la précision du détail reste infinie), comme l'ensemble de Julia et les structures fractales naturelles [108,109].

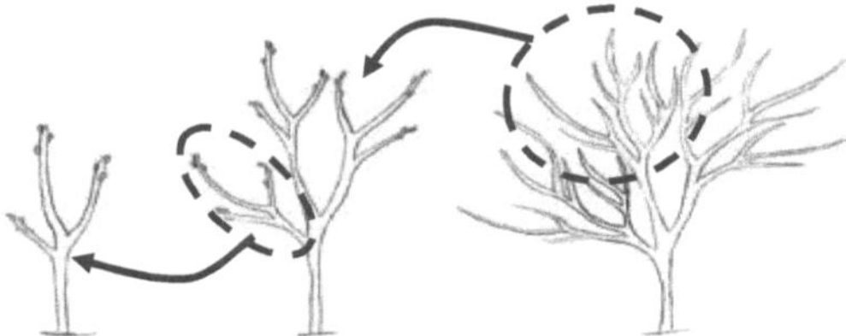

Fig. 2.3 Autosimilarité d'un fractal

II.4.2 La dimension fractale

La deuxième particularité des fractals est leur dimension propre appelée dimension fractale. En effet, contrairement à la géométrie euclidienne, les figures fractales ne possèdent pas des dimensions entières et auront toujours une dimension strictement supérieure à leurs dimensions topologiques [3,108,110].
La dimension fractale (DF) est le nombre qui quantifie le degré d'irrégularité et de fragmentation d'un ensemble géométrique ou d'un objet naturel. La dimension fractale est aussi une mesure de la façon dont la forme fractale occupe l'espace [104,108,110].
En géométrie euclidienne, la dimension topologique (DT) d'un objet est égale au nombre de paramètres nécessaires pour le décrire. La dimension d'un point est égale à "0", d'une courbe plane est égale à "1", puisqu'un seul paramètre permet de la caractériser. Les surfaces ont une dimension égale à "2", puisque tout point de ces figures est décrit par deux paramètres (une abscisse et une ordonnée). Les volumes ont une dimension égale à "3". La dimension fractale est en général comprise entre la dimension topologique et la dimension euclidienne, c'est-à-dire entre DT et DT +1. Les dimensions fractales sont donc comprises entre zéro et un, entre un et deux, et entre deux et trois, exprimant respectivement l'aptitude d'un ensemble de points à remplir une ligne, l'aptitude d'une ligne à remplir un plan et enfin l'aptitude d'un objet à occuper un volume. Dans chacun de ces cas, la dimension euclidienne n'est jamais atteinte [3,104,105].

II.5 DIFFÉRENTES FORMES FRACTALES

L'univers des fractals est immense. C'est pourquoi les mathématiciens ont regroupé les fractals en trois catégories : les fractales naturelles, les objets fractals et les fractals déterministes.

II.5.1 Les fractales naturelles

La nature fournit de nombreux exemples de structures fractales. On les observe dans :

- Le corps humain, comme les voies respiratoires, le réseau sanguin, le réseau des neurones du cerveau, les poumons, l'arbre bronchique, l'intestin grêle, ... [107,109].

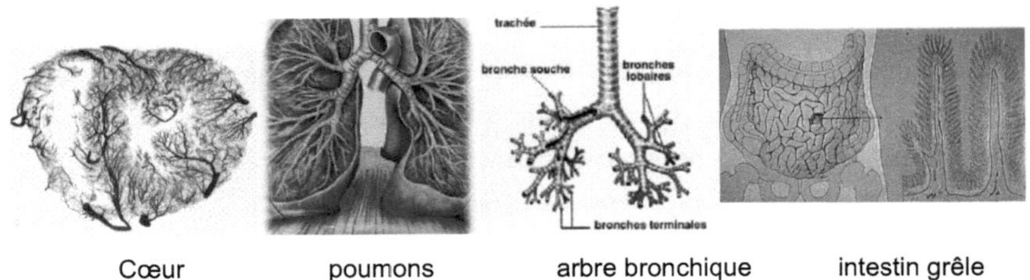

Cœur poumons arbre bronchique intestin grêle

Fig. 2.4 Fractalité dans le corps humain

- Les végétaux comme les arbres, le réseau de racines, la forêt, la fougère, la plante etc [105,107,108,110].

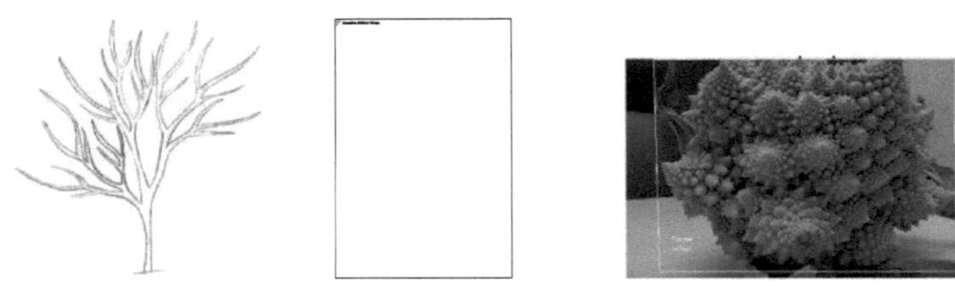

Arbre et ses branches Fougère Chou ramanesco

Fig. 2.5 Quelques végétaux fractals

- Les paysages, comme les nuages (DF=1,33), les côtes rocheuses (1< DF< 1,5), les montagnes (2,1 <DF <2,5), les vagues et les écumes, les flocons de neige, les rivières, fleuves,...[105,107,109].

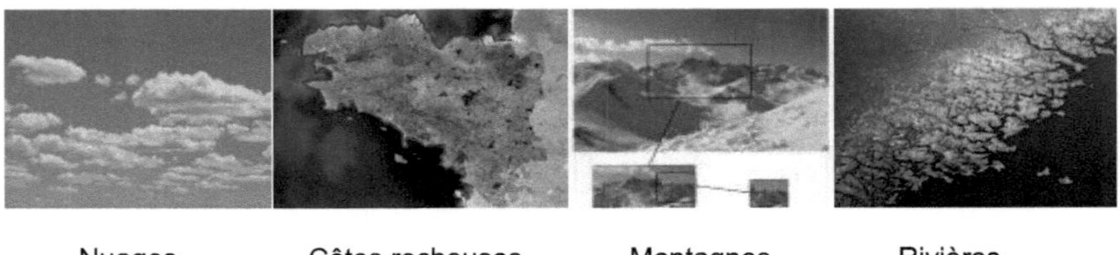

Nuages Côtes rocheuses Montagnes Rivières,

Fig. 2.6 Quelques paysages fractals

- L'univers comme la répartition des galaxies dans l'espace, le mouvement Brownien [105,107].

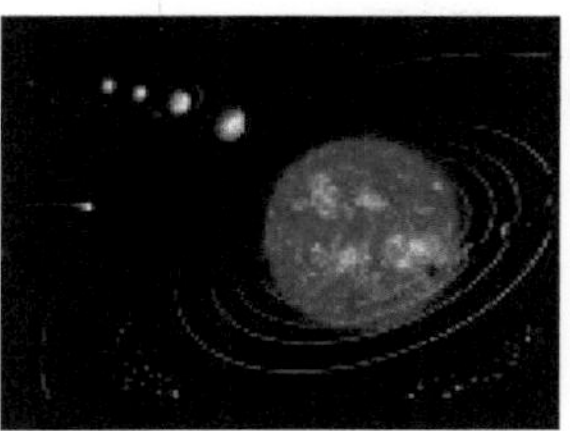

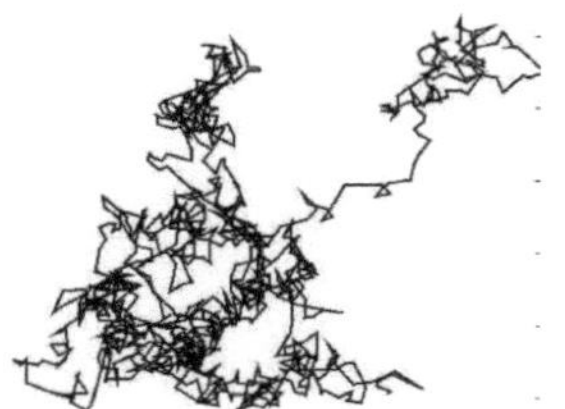

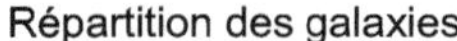

Répartition des galaxies Mouvement Brownien

Fig. 2.7 Fractalité dans l'univers

II.5.2 Les objets fractals

Les objets fractals sont des structures obtenues par l'itération d'un algorithme géométrique sur une figure. Pour construire des objets fractals, on débute avec un objet graphique quelconque (ligne, triangle, carré, cube, etc.). Par la suite, on définit une opération, ou une série d'opérations, qui ajouteront un élément de complexité à l'objet initial et on applique à l'infini, les transformations choisies à l'objet de départ [105,107]. Il existe beaucoup d'objets fractals, nous pouvons citer les plus importants :

- La baderne d'Apollonius, avec trois cercles comme objet fractal initial, possède une dimension fractale égale à 1,3057 [104].

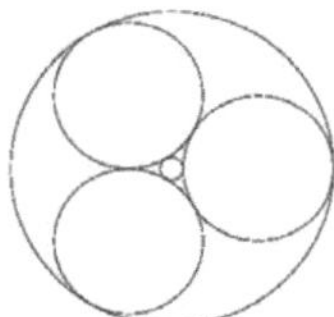

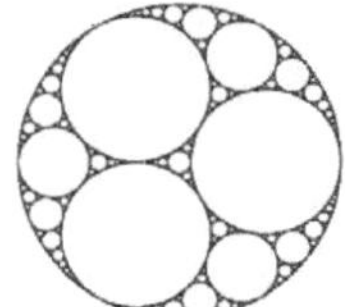

Fig. 2.8 La baderne d'Apollonius

- L'image fractale d'Albrecht Dürer avec un pentagone comme objet initial [107].

Fig. 2.9 Les cinq premières étapes de la construction du pentagone de Dürer

- La courbe de Peano, de dimension fractale proche de 2, on commençant par un carré initial partagé en neuf carrés [62] et ce de Hilbert avec une dimension fractale égale à 1.3916 et carré initial divisé en quatre carrés [108].

Fig. 2.10 Courbe de Peano

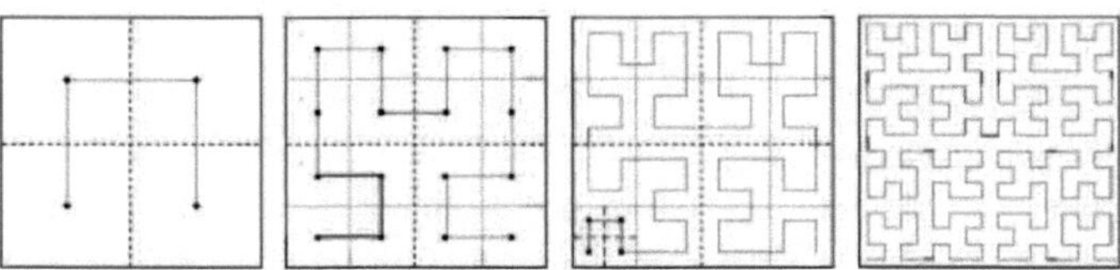

Fig. 2.11 Courbe de Hilbert

- Pour le fractal de Von Koch, de dimension fractale égale à 1.26, l'objet initial est un segment subdiviser en trois parts égales dont le segment du milieu se remplace par deux autres de la même longueur et formant un triangle [3,104,105,110].

Fig. 2.12 Fractal de Von Koch

- La courbe de Georg Cantor, avec une dimension fractale 0.63, se fonde sur un segment dont on enlève le tiers central [3,104].

Fig. 2.13 Poussière de Cantor

- Le triangle fractal de Sierpinski avec DF = 1.26185951et un triangle initial, le tapis de Sierpinski, de dimension fractale 1.89278926 et un carré initial, le pentagone de Sierpinski avec un pentagone initial et l'éponge de Sierpinski avec DF = 2.7268 et un cube comme objet initial [3,104,105,106,108].

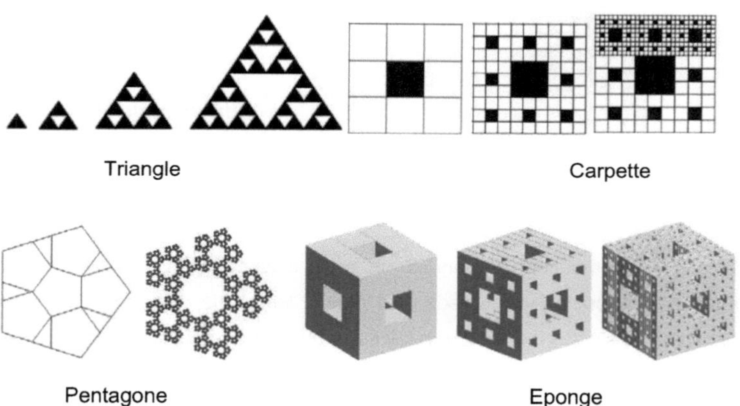

Pentagone Eponge

Fig. 2.14 Objet fractals de Sierpinski

II.5.3 Les fractals déterministes

Les fractals déterministes sont les fractals les plus complexes. Les exemples les plus fondamentaux sont les ensembles de Julia et l'ensemble de Mandelbrot [58,59].Le processus de formation des fractals déterministes est développé par l'itération de polynômes complexes $P(z) = z^2 + c$ ce qui conduit à la suite $z_{n+1} = z_n^2 + c$ où "c" est une constante complexe arbitraire et "z" est une variable également complexe. On calcule la valeur du polynôme pour une valeur de départ de "z" puis on la donne à "z" et on recommence le calcul avec cette nouvelle valeur [104,105,108].

Un des courbes de Julia Ensemble de Mandelbrot

Fig. 2.15 Fractals déterministes

II.6 DOMAINES D'APPLICATIONS DES FRACTALS

Depuis la contribution de Mandelbrot, les fractals sont devenus une véritable notoriété, ils sont tout d'abord utilisés pour décrire les objets irréguliers qui existent dans la nature, puis à nos jours les possibilités qu'offrent les fractals dans les avancées mathématiques, physiques, technologiques, médecines, informatiques, astronomies, arts, ..., sont devenues nombreuses. Nous énoncerons quelques-uns d'entre eux parmi les plus importants :

- En médecine, pour le dépistage du cancer [107,111].
- En biologie, pour caractériser la texture du noyau, analyser les statistiques fractales des forêts, étudier les algorithmes génétiques des répartitions des structures des plantes, bactéries, feuilles, branches d'arbre,... [105,107,111].
- En architecture, par la construction des murs antibruit de nature fractale afin de réduire les bruits sonores [112].
- Dans la construction des antennes de forme fractale pour diminuer leur taille et augmenter leurs performances [108].
- En l'informatique, dans le domaine du traitement et la compression ou le codage d'images [105,108,110].
- En économie, pour des préventions boursières à long terme [107].
- En géologie, pour la recherche de nappes de pétrole ainsi que l'étude du relief, des côtes, des cours d'eau, les structures des roches, les inondations, des tremblements de terre, ... [107].

- En météorologie, telles décrire les phénomènes atmosphériques, l'étude de la distribution des galaxies, pour analyser et caractériser les nuages, ... [113].
- Dans l'imagerie radar par le dé-bruitage des images SAR [111].

II.7 CONCLUSION

Les fractales sont une nouvelle branche des mathématiques et des arts. Dans ce chapitre, nous avons décrit les outils fondamentaux de la théorie fractale : des définitions, propriétés, différentes formes fractales ainsi que leurs quelques applications. De nombreux scientifiques ont découvert que la géométrie fractale est un outil puissant pour découvrir des secrets issus d'une grande variété de systèmes et résoudre des problèmes importants en sciences appliquées. La liste des systèmes fractals physiques connus est longue et en croissance rapide. Les fractals ont amélioré la précision dans la description et la classification des objets «aléatoires» ou organiques. Ils sont importants car elles modifient les méthodes de base d'analyse et de compréhension des données expérimentales par les mesures sur plusieurs échelles avec la dimension fractale. la notion fractale est donc riche et fascinante qui peut être utile dans beaucoup de domaines grâce à leur capacité a simplifié des phénomènes apparemment compliqués.

La dimension fractale a fait l'objet de notre recherche dans le domaine de la détection radar par les fractals.

CHAPITRE III

DÉTECTION SAR BISTATIQUE

Sommaire

III.1 INTRODUCTION

Le but de ce chapitre est de présenter notre première contribution réalisée dans le cadre de cette thèse. Elle consiste en la détection SAR bistatique par la formation des images des scènes éclairées par un SAR de type multicapteurs et multifréquences en utilisant trois algorithmes de reconstruction des images les plus utilisés.

Le chapitre est structuré en cinq parties, dans la deuxième partie, après une introduction, nous introduisons les trois algorithmes utilisés.

Les données utilisées dans cette étude sont des données de mesures réelles de l'ONERA, la troisième partie de ce chapitre concerne donc la présentation de son contexte de mesure. La quatrième partie est consacrée à la présentation et l'analyse des résultats de simulation et la validation de nos résultats. Ces résultats concernent les images formées par les algorithmes en absence puis en présence de deux types de clutter : clutter Weibull et clutter K. Les résultats des simulations seront discutés avec des comparaisons entre les trois algorithmes.

III.2 ALGORITHMES DE FORMATION DES IMAGES

III.2.1 Introduction

De multiples processus de formation des images ont été développés pour le SAR monostatique. Ces processus de formation des images sont disponibles en deux approches [32,114,115] :

1. Méthodes basées sur la transformée de Fourier rapide (FFT)
2. Méthodes de rétroprojection (domaine temporel)

Les algorithmes de formation d'image sont utilisés pour calculer, à partir des données de mesure, l'image d'une scène. Les algorithmes, pour un SAR bistatique, présentés ici sont une extension de ceux existant dans le domaine monostatique. Dans ce travail, trois types d'algorithmes d'imagerie bistatique (ou multistatique) ont été utilisés : deux algorithmes temporels: le MFA et le BPA et un fréquentiel, le PFA.

III.2.2 L'algorithme à filtrage adapté

L'algorithme à filtrage adapté est une méthode de référence classique utilisée pour reconstruire des images des SAR monostatiques. Il repose sur l'utilisation d'un filtrage adapté bidimensionnel pour les images bistatiques [114,115].

III.2.2.1 Le filtre adapté

Le filtre adapté est un filtre linéaire optimal couramment utilisé en traitement du signal SAR pour maximiser le SNR. Il est capable de détecter le signal, même en présence du bruit [57,58,60,81]. Ces filtres sont souvent utilisés pour la détection d'un signal inconnu en corrélation avec un signal déjà connu [60,64,81]. La figure 3.1 illustre le schéma de principe de base du filtre adapté [58,79,81].

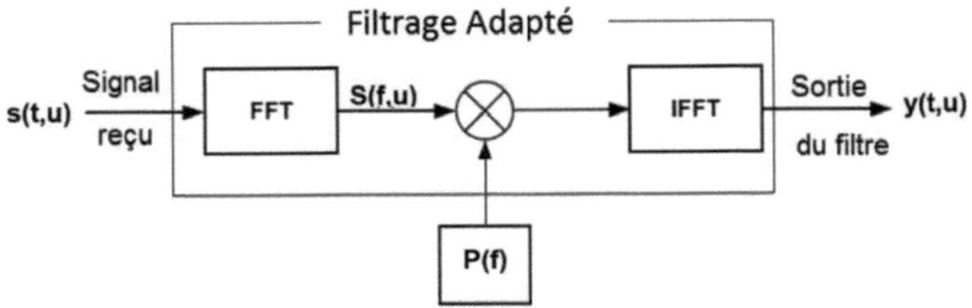

Fig. 3.1 Schéma de principe de base du filtre adapté

Le filtrage adapté filtrage s'exprime, en temps, comme une corrélation entre le signal émis p(t) et le signal s(t, u) reçu par le radar [60,79,81] :

$$y\,(t,u) = \int_R s\,(t',u)p^*(t'-t)\,dt' \tag{3.1}$$

Exprimé en fréquence, le filtrage adapté se définit par :

$$Y\,(f,u) = S(f,u)P^*(f) \tag{3.2}$$

Il est, en effet, obtenu en appliquant la transformée de Fourier aux membres de l'équation (3.1) par rapport à la variable t. On utilise notamment, en vertu du théorème de Parseval, le fait que :

$$y\,(t,u) = \int_R S\,(f,u)P^*(f)\,\exp(j2\pi ft)df \tag{3.3}$$

Ainsi, en combinant les équations (1.13) et (3.2) et on a :

$$Y\,(f,u) = |P\ \ (f)\,|^2 \int_{R^2} I(x,y)\,exp\left(-j\frac{2\pi f}{c}\sqrt{(X_1-x)^2+(u+Y_1-y)^2+}\right)dxdy \tag{3.4}$$

où $I(x,y)$ est l'image 2D des réflecteurs.

III.2.2.2 L'algorithme à filtrage adapté

Le principe de l'algorithme à filtre adapté, pour les signaux SAR bistatique, est d'aller chercher pour chaque point de la scène, sa contribution dans la matrice du signal brut et d'y appliquer un filtrage adapté bidimensionnel. Ainsi, la contribution d'un point de la scène est corrélée avec la réponse théorique d'un point brillant [87,114]. Le principe de la mise en œuvre numérique repose donc sur une double somme sur les fréquences et la géométrie pour chaque pixel de l'image centré à la position (x, y), donné par l'équation 3.5 [114,115] :

$$I(x,y) = \frac{1}{N_f}\frac{1}{N_u}\sum_{i=1}^{N_f}\sum_{j=1}^{N_u} S(f_i,u\ )exp\left(j\frac{2\pi f_i}{c}(\hat{E}(u)\ \ +\hat{R}(u)\ )\vec{r}(x,y)\right) \tag{3.5}$$

Avec :

$\hat{E}$ et $\hat{R}$ sont les distances émetteur-scène et scène-récepteur.
et S (*f*,*u*) est le signal reçu dans le domaine (fréquence, angle) :

$$S(f,u) = \sum_{i=1}^{W} A_i\ exp\left(-j\frac{2\pi f_i}{c}(\hat{L}_E + \hat{L}_R)\vec{r}\ \right) \tag{3.6}$$

A_i : l'amplitude du point brillant localisé en $\vec{r}$.
$\hat{L}_E$: Le vecteur unitaire qui désigne la position de l'émetteur,
$\hat{L}_R$: Le vecteur unitaire désignant la position du récepteur.
$\vec{r}$: Le vecteur désignant une position sur la scène éclairée (plan d'image (x; y))
N_f: Le nombre de fréquences.
N_u : Le nombre de positions angulaires
W : Le nombre de cibles.

MFA présente l'inconvénient du temps de calcul. Pour chaque pixel de l'image, le nombre d'opérations nécessaires pour les calculs est de $N_x N_y N_f N_u$ avec $N_x N_y = N^2$ la taille de l'image. Si nous supposons encore que $N_f N_u = N^2$, alors le nombre total d'opérations pour former une image avec cet algorithme est N^4 [114,115]. Pour des images de taille importante, ce calcul devient donc vite prohibitif, ce qui rend cet algorithme difficilement exploitable dans un contexte opérationnel [114].

III.2.3 L'algorithme à rétroprojection

L'algorithme à rétroprojection est une approximation de MFA. Il réduit sa complexité en utilisant un noyau d'interpolation 1D. Dans ce cas, l'opération de filtrage adapté distance, est séparée de l'opération de synthèse d'ouverture. Dans cet algorithme, la première opération consiste donc à réaliser la compression d'impulsion, puis à chercher la contribution du pixel étudié dans le signal compressé. L'image est construite à partir de l'expression suivante [32,114] :

$$I(x,y) = \frac{1}{N_u}\sum_{j=1}^{N_u} s\left(t = \frac{dBist(u,x,y)}{c}, u\ \right) exp(jk_0 dBist(u,x,y)) \tag{3.7}$$

Avec "s" l'expression du signal comprimé reçu dans le domaine (t,u) et dBist la distance bistatique qui s'exprime en fonction du pixel considéré et de la géométrie par la relation suivante [32,114]:

$$dBist(u, x, y) = \left(\hat{E}(u) \quad + \hat{R}(u) \quad\right)\vec{r}(x, y) \tag{3.8}$$

L'algorithme de rétroprojection permet de diminuer le temps de calcul. Pour une image Nx Ny, le coût de le BPA est O(N^3) contre O(N^4) pour le MFA [114,115].Cependant, il présente des inconvénients dont le plus sérieux est que le BPA suppose toujours que la cible a une trajectoire parfaitement rectiligne et uniforme sinon une erreur de mouvement ne peut être compensée d'une manière approximative, ce qui peut entraîner une mauvaise mise au point pour des angles d'intégration de grandes erreurs de mouvement. Un autre problème pour la plupart des méthodes basées sur la FFT, c'est qu'elles nécessitent une interpolation des données dans le domaine fréquentiel. Les erreurs d'interpolation provoquent des artefacts qui sont répartis sur la totalité de l'image [32,114].

III.2.4 L'algorithme de format polaire

Il est bien connu que la formation d'images SAR peut être accomplie via une transformée de Fourier 2D étant donné que les données recueillies représentent l'espace de Fourier d'une scène tridimensionnelle, en une image. Toutefois, lorsqu'une grande scène est photographiée avec une résolution fine, une transformée de Fourier 2D simple est insuffisante. Une technique pour résoudre ce problème peut être réalisée par un algorithme connu comme la transformation en format polaire (PFA) [116,117].

Le PFA est une des versions les plus rapides de MFA exploitée tel un filtre adapté bidimensionnel approximé pour permettre un calcul plus efficace de l'équation 3.5. Donc, avec ce type d'algorithme il faut interpoler les points fréquentiels expérimentaux sur une grille uniforme avant de réaliser la FFT. Il en résulte une approximation supplémentaire de MFA [118,119].

Par la projection des vecteurs $\hat{E}$ et $\hat{R}$, de la figure 1.10, dans le plan xoy, la distance $dBist(u, x, y)$ peut être écris, en cordonnées cartésiennes, par [115] :

$$dBist(u,x,y,0) = \begin{matrix} x_E cos(\varphi_E(u))cos(\theta_E(u)) + x_E cos(\varphi_R(u))cos(\theta_R(u)) + \\ y_E sin(\varphi_E(u))cos(\theta_E(u)) + y_E sin(\varphi_R(u))cos(\theta_R(u)) \end{matrix} \quad (3.9)$$

On posant : $f_x(f_i, u\ ) = \frac{f_i}{2} cos(\varphi_E(u))cos(\theta_E(u)) + cos(\varphi_R(u))cos(\theta_R(u))$

et $\quad f_y(f_i, u\ ) = \frac{f_i}{2} sin(\varphi_E(u))cos(\theta_E(u)) + sin(\varphi_R(u))cos(\theta_R(u))$

où f_x, f_y sont les fréquences spatiales échantillonnées dans la collection de données bistatique, et on supposant que $\|\hat{E}\ \| = \|\hat{R}\ \|$, L'équation 3.5 sera:

$$I(x,y,0) = \frac{1}{N_f}\frac{1}{N_u}\sum_{i=1}^{N_f}\sum_{j=1}^{N_u} S(f_i,u_j) exp\left(-j\frac{4\pi}{c}\left(x f_x(f_i,u\ ) + y f_y(f_i,u\ )\right)\right) \quad (3.10)$$

Cette équation représente le filtre adapté bidimensionnel approximatif pour la formation d'image bistatique [115] .

Pour accomplire, on peut faire pivoter le système de coordonnées des données collectées par l'angle de vue bistatique β :

$$x = x'cos(\beta) - y'sin(\beta)\ , \quad y = x'sin(\beta) + y'cos(\beta)$$

et $\quad f_x = f_x' cos(\beta) - f_y' sin(\beta), \quad f_y = f_x' sin(\beta) + f_y' cos(\beta)$

Alors :

$$x' = x cos(\beta) + y sin(\beta)\ , \quad y' = -x sin(\beta) + y cos(\beta)$$

et $\quad f'_x = f_x cos(\beta) + f_y sin(\beta), \quad f'_y = -f_x sin(\beta) + f_y cos(\beta)$

Le filtre adapté bidimensionnel approximatif pour la formation d'image bistatique (équation 3.10) peut maintenant être donné en coordonnées cartésiennes de rotation par :

$$I(x',y',0) = \frac{1}{N_f}\frac{1}{N_u}\sum_{i=1}^{N_f}\sum_{j=1}^{N_u} S(f_i,u_j) exp\left(-j\frac{4\pi}{c}\left(x' f'_x(f_i,u_j) + y' f'_y(f_i,u_j)\right)\right) \quad (3.11)$$

On peut maintenant ré-échantillonner les données du domaine fréquentiel, par une interpolation bidimensionnelle. Cette interpolation bidimensionnelle des données échantillonnées sur une grille rectangulaire, uniformément espacée de *fx* et *fy*, permet l'utilisation de la transformée de Fourier discrète (DFT) [115].

La méthode de formation d'image par le PFA apporte plusieurs avantages : le coût de calcul réduit par rapport aux autres algorithmes $O(N^2 log_2 N)$, si $N_x = N_y = N$ et une procédure d'interpolation facile à implémenter, mais cette interpolation peut être une source d'erreurs dans l'image finale [115,116].

III.3 LES DONNÉES DE MESURE

III.3.1 Introduction

Les bases en espace libre extérieur ayant montré leurs limites dans la caractérisation électromagnétique des cibles discrètes, les mesures sont généralement réalisées à l'intérieur de chambres spécifiques appelées chambres anéchoïques [120].
Les données exploitées dans ce document ont été collectées durant l'expérimentation qui s'est déroulée à l'ONERA à Palaiseau en juin 2008 dans une chambre anéchoïque appelée compagnie BABI (Banc d'Analyses BIstatiques) [55].

III.3.2 La chambre anéchoïque

La chambre anéchoïque (ce qui signifie sans écho) est une salle d'expérimentation dont les parois (murs, plafond, sol) sont, sous forme de prisme, recouvertes de matériau absorbant tels que la fibre de verre et la fibre roche pour les chambres acoustiques, de la mousse carbonée et la mousse de mélamine pour les chambres électromagnétiques, ... etc, ce qui permet à la salle de ne pas provoquer d'écho sur toute la surface de mesure (pas de réverbérations d'ondes) fournissant ainsi des conditions de propagation en espace libre [120].
Les mesures, dans les chambres anéchoïques, sont réalisées dans la bande de fréquences de 30 MHz à 1GHz avec une antenne d'émission ayant un diagramme de rayonnement omnidirectionnel dans un plan et ayant une taille maximale inférieure à 40 cm. L'antenne de réception doit être déplacée de manière à maintenir les antennes alignées et maintenir une distance constante en restant sur le plan milieu du volume de test [121].

Les chambres anéchoïques permettent de réaliser des mesures plus reproductibles. Certains chercheurs scientifiques l'utilisent comme support et comme sujet de travail, que ce soit en acoustique, en électromagnétique ou sur les architectures des bâtiments.
En électromagnétique, une chambre anéchoïque peut servir à mesurer les ondes électromagnétiques du matériel qui en produisent ou qui en réceptionnent, à des

mesures d'antennes en espace libre, à l'abri des parasites et de l'influence du sol et autres obstacles et aussi à découvrir les applications des radars[120].

III.3.3 La campagne de mesure BABI de l'ONERA

Le SAR constitue, par tous les temps, un excellent moyen d'observation du sol. La synthèse d'ouverture consiste à traiter alors les signaux réfléchis par le sol au cours du déplacement du porteur radar. C'est dans le cadre de cette technique que l'ONERA a développé la chambre anéchoïque BABI [122].
La chambre anéchoïque de l'ONERA (Fig. 3.2) est une base d'essais présente au sein du Département Électromagnétique et Radar au centre de Palaiseau. Elle permet d'effectuer un grand nombre de mesures du SER (Section Efficace Radar, caractérise, l'aptitude d'un objet à renvoyer plus ou moins d'énergie lorsqu'il est illuminé par une onde radar) bistatiques cohérentes [114,122,123], du coefficient de rétrodiffusion de cibles canoniques ...etc, à échelle réduite afin de préparer des campagnes à grande échelle pour valider des modèles électromagnétiques ou des traitements [82,122].
Les murs de la chambre sont munis de pyramides chargées en carbone pour absorber les ondes qui par réflexions viendraient perturber les mesures. Les antennes d'émission et de réception sont placées sur des rails circulaires, les moteurs pas à pas servant à les déplacer, permettent d'atteindre des précisions de position de l'ordre de 10^{-2} degrés, le premier rail est demi-circulaire de 5,5 m de rayon placé à 2,5 m de hauteur. Le second rail est linéaire et est fixé sur le plafond de la chambre [82,122,123].
Les objets d'études, de la campagne de mesure BABI, sont des sphères métalliques parfaitement conductrices de 38 mm de rayon. Une, deux puis quatre sphères ont été utilisées, et ont été placées au centre d'une plate-forme tournante en polystyrène (transparent aux fréquences considérées). La hauteur de cette plate-forme peut être ajustée pour faire varier les angles d'élévation de 70° à 90° et permet des rotations angulaires pas à pas de 1/100 degrés sur 360° [82,122].

La chambre anéchoïque de l'ONERA fonctionne entre 600 MHz à 40GHz. Elle permet d'acquérir le coefficient de réflexion bistatique complexe (amplitude, phase) polarimétrique entre 4 et 196 degrés de cibles de dimension pouvant atteindre 1 m. Ce système de mesures permet donc de construire un système multi-capteur et multifréquence [123].

Fig. 3.2 Compagne de mesure BABI d'ONERA

III.3.4 Les données de mesure de BABI

Les données de la campagne de mesure BABI, ont été recueillies en utilisant un analyseur de réseau vectoriel, un positionneur permettant de déplacer le récepteur sur un arc de cercle, des antennes bipolarisées (vertical et horizontal) à l'émission et la réception, un ensemble de sphères constituant la scène de mesure et un système permettant d'assurer la cohérence de phase [55,82,114,122]. Dans l'ensemble des mesures c'est une configuration bistatique complexe qui a été choisie [55,82,114].

La géométrie de mesure (Fig. 3.3) est décrite comme suit [55,114] :

- L'émetteur est fixe et l'axe d'émission passe par le centre de la scène O avec un rayon r = 5 m, un angle d'élévation de 35° par rapport au plan (x, y) et fait un angle de 60° avec le plan (z, x).
- Le récepteur se déplace dans le plan (x, y) sur une trajectoire circulaire de rayon 5 m. Il bouge de l'angle de -85° jusqu'à 100° avec un pas angulaire de 5° pour la bande de fréquences BF1 et 1° pour la bande de fréquences BF2.

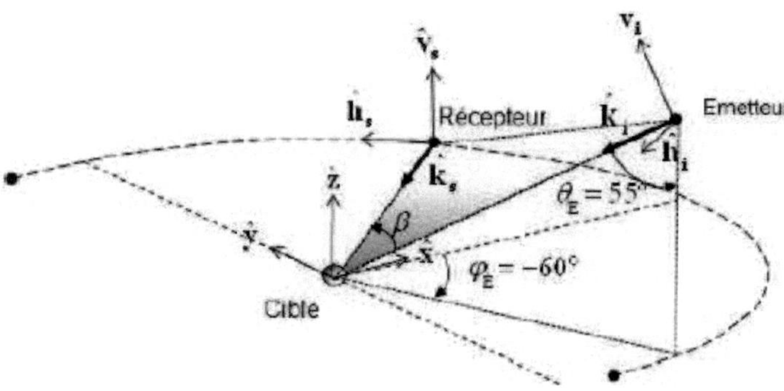

Fig. 3.3 Géométrie de mesure BABI

- Les objets d'études sont des sphères métalliques, leurs positions sont représentées sur la figure 3.4 en vue du dessous. Lorsqu'une seule sphère est mesurée, elle est placée à la position "1" du centre de la chambre, lorsque deux sphères sont utilisées, elles sont placées dans le plan d'incidence, aux positions "1" et "2" et lorsque les quatre sphères sont utilisées (l'utilisation d'un plus grand nombre de cibles permet de minimiser les erreurs), il n'existe aucune symétrie particulière [55,82,114]. Donc trois scènes ont été réalisées correspondant aux différentes positions des sphères (Tab. 3.1).
- L'expérimentation consiste à mesurer les ondes reçues en polarisation verticale et horizontale et aussi l'amplitude et la phase pour chaque scène [55,114].

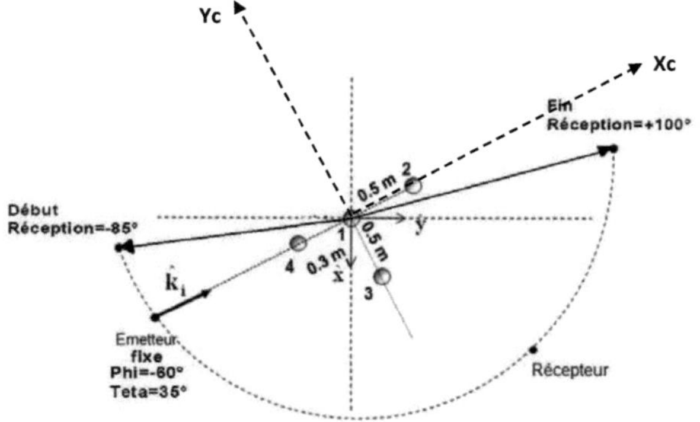

Fig. 3.4 Positions des quatre sphères (cibles)

Tab. 3.1 Coordonnées sphériques des cibles.

Configuration	Sphères en coordonnées sphériques (en mètre)
1 sphère	S_1 (0 ; 0 ; 0)
2 sphères	S_1 (0 ; 0 ; 0), S_2 (0.5 ; 0 ; 0)
4 sphères	S_1 (0 ; 0 ; 0), S_2 (0.5 ; 0 ; 0), S_3 (0 ; -0.5 ; 0), S_4 (-0.3 ; 0 ; 0)

- Deux contextes de mesures (bande de fréquences) ont été utilisés (Tab. 3.2) [55,82,114] :
  - Contexte de mesure BF1 : dans cette configuration, le signal est défini par une fréquence centralef_0= 1575MHz, une largeur de bande B = 818,4 MHz, des points fréquentiels de mesure égalent à 801 et un angle d'intégration variant entre –85° et 100° avec un pas angulaire de 5°.
  - Contexte de mesure BF2 : dans ce contexte, la fréquence centrale est de 1575MHz, la largeur de bande est B = 204,6 MHz, les points fréquentiels de mesure égales à 801 et l'angle d'intégration variant entre -85° et 100° avec un pas angulaire est de 1°.

Tab. 3.2 Caractéristiques des contextes de mesure BABI

Contexte de mesure	BF1	BF2
Fréquence (MHz)	1575	1575
Bande de fréquence (MHz)	818.4	204.6
Nombre des points fréquentiel	801	801
Angle minimum (°)	-85	-85
Angle maximum (°)	100	100
Pas angulaire (°)	5	1

III.4 SIMULATIONS

Dans cette partie, nous allons présenter les simulations réalisées pour cette étude. Elle constitue la mesure de la distance bistatique et les organigrammes de trois algorithmes.

III.4.1 Présentation du contexte de mesure [55,114]

L'objectif de cette étude est de mesurer le temps de propagation de l'onde envoyée vers une scène par le radar à synthèse d'ouverture multi-capteur afin de former l'image de chaque scène éclairée par l'application des trois algorithmes cités ci-dessus MFA, BPA et PF. Dans cette section, nous décrivons alors les mesures utilisées pour valider notre travail théorique.

III.4.1.1 La position de l'émetteur

L'émetteur est fixe et l'axe d'émission passe par le centre de la scène avec un angle d'élévation Θ_E = 35° par rapport au plan oxy et un angle de 60° avec le plan oxz.

Soit $\vec{E}(L_E, \theta_E, \varphi_E)$, la position de l'émetteur dans un système de coordonnées sphériques avec L_E = 5m. En coordonnées cartésiennes, la position de l'émetteur s'écrit :

$$\vec{E} = E_x\vec{i} + E_y\vec{j} + E_z\vec{k} \tag{3.12}$$

Par la projection de $\vec{E}$ sur les axes ox, oy, oz on obtient :

$$\vec{E} = E[\cos(\theta_E)\cos(\varphi_E)\vec{i} + \cos(\theta_E)\sin(\varphi_E)\vec{j} + \sin(\theta_E)\vec{k}] \tag{3.13}$$

$$\vec{E} = E[\cos(35°)\cos(-60°)\vec{i} + \cos(35°)\sin(-60°)\vec{j} + \sin(35°)\vec{k}] \tag{3.14}$$

$$\vec{E} = 5[0.4096\vec{i} - 0.7094\vec{j} + 05736\vec{k}] \tag{3.15}$$

Le vecteur de l'émetteur en coordonnées cartésiennes sera donc :

$$\vec{E} = \begin{bmatrix} 2.0479 \\ -3.547 \\ 2.8679 \end{bmatrix} \begin{bmatrix} \vec{i} \\ \vec{j} \\ \vec{k} \end{bmatrix} \tag{3.16}$$

III.4.1.2 La matrice du récepteur

Le récepteur se déplace dans le plan oxy sur une trajectoire circulaire de rayon 5 m. Il bouge de l'angle -85° jusqu'à 100° avec un pas angulaire de 5° pour la bande de fréquences BF1 et 1° pour la bande de fréquences BF2 [55,82,114]. La configuration de mesure utilisée est donc de type bistatique avec multicapteurs, une antenne d'émission et comme si 38 antennes de réception pour les 38 positions du récepteur, pour le contexte de mesure BF1 et 186 antennes pour les 186 positions du récepteur pour le contexte de mesure BF2. Cette configuration ressemble ainsi à une configuration multistatique.

La position du récepteur sera décrite par une matrice où chaque cellule correspond à une surface élémentaire. On construit autant de matrices que d'antennes [55,114].

Soit $\vec{R}\,(L_R, \theta_R, \varphi_R)$ la position du récepteur "u" avec L_R=5m, Θ_R =0 et φ_R = [-85°:100°], en coordonnées cartésiennes $\vec{R}$ s'écrit :

$$\vec{R} = L_R\{\cos(\varphi_r(u))\,\vec{i} + \sin(\varphi_r(u))\,\vec{j} + 0\vec{k}\} \tag{3.17}$$

Pour le pas de 5°, la matrice de $\vec{R}$ sera :

$$\vec{R} = \begin{bmatrix} R_x(-85°) & R_x(-80°) \ldots\ldots & R_x(100°) \\ R_y(-85°) & R_y(-80°) \ldots\ldots & R_y(100°) \\ 0 & 0 \ldots\ldots\ldots & 0 \end{bmatrix} \begin{bmatrix} \vec{i} \\ \vec{j} \\ \vec{k} \end{bmatrix} \tag{3.18}$$

Et comme $R_x(\varphi_r) = L_R \cos\varphi_r$ et $R_y(\varphi_r) = L_R \sin\varphi_r$, $\vec{R}$ sera :

$$\vec{R} = \begin{bmatrix} 5\cos(-85°) & 5\cos(-80°) \ldots\ldots & 5\cos(100°) \\ 5\sin(-80°) & 5\sin(-80°) \ldots\ldots & 5\cos(100°) \\ 0 & 0 \quad \ldots\ldots & 0 \end{bmatrix} \begin{bmatrix} \vec{i} \\ \vec{j} \\ \vec{k} \end{bmatrix} \tag{3.19}$$

La matrice du vecteur du récepteur en coordonnées cartésiennes dans le contexte de mesure BF1 sera donc :

$$\vec{R} = \begin{bmatrix} 0.4358 & 0.8682 \ldots\ldots & -0.8682 \\ -4.9810 & -4.9240 \ldots\ldots & 4.9240 \\ 0 & 0 \quad \ldots\ldots & 0 \end{bmatrix} \begin{bmatrix} \vec{i} \\ \vec{j} \\ \vec{k} \end{bmatrix} \tag{3.20}$$

III.4.1.3 Les positions des cibles

Les cibles sont situées dans le plan oxy, leurs coordonnées dans le repère $ox_Cy_Cz_C$, ont été données dans le tableau 3.1. Ce plan des cibles fait une rotation d'un angle de Ψ = 120° par rapport au plan oxy (Fig. 3.4). Les positions des cibles dans le repère oxyz seront donc :

$$C_1(x_c, y_c, z_c) = 0\,\vec{i}_c + 0\vec{j}_c + 0\vec{k}_c \tag{3.21}$$

$$C_1(x, y, z) = 0\cos(120°)\,\vec{i} + 0\sin(120°)\,\vec{j} + 0\vec{k} \tag{3.22}$$

$$C_1(x, y, z) = \begin{bmatrix} 0 \\ 0 \\ 0 \end{bmatrix} \begin{bmatrix} \vec{i} \\ \vec{j} \\ \vec{k} \end{bmatrix} \tag{3.23}$$

$$C_2(x_c, y_c, z_c) = 0{,}5\,\vec{i}_c + 0.0\vec{j}_c + 0\vec{k}_c \tag{3.24}$$

$$C_2(x, y, z) = 0{,}5\cos(120°)\vec{i} + 0.5\sin(120°)\vec{j} + 0\vec{k} \tag{3.25}$$

$$C_2(x,y,z) = \begin{bmatrix} -0,25 \\ 0.433 \\ 0 \end{bmatrix} \begin{bmatrix} \vec{i} \\ \vec{j} \\ \vec{k} \end{bmatrix} \quad (3.26)$$

$$C_3(x_c, y_c, z_c) = 0\,\vec{i}_c - 0.5\vec{j}_c + 0\vec{k}_c \quad (3.27)$$

$$C_3(x,y,z) = 0.5\sin(120°)\,\vec{i} - 0,5\cos(120°)\vec{j} + 0\vec{k} \quad (3.28)$$

$$C_3(x,y,z) = \begin{bmatrix} 0,433 \\ 0.25 \\ 0 \end{bmatrix} \begin{bmatrix} \vec{i} \\ \vec{j} \\ \vec{k} \end{bmatrix} \quad (3.29)$$

$$C_4 = -0,3\vec{i}_c + 0\vec{j}_c + 0\vec{k}_c \quad (3.30)$$

$$C_4(x,y,z) = -0,3\cos 120°\vec{i} - 0,3\sin 120°\vec{j} + 0\vec{k} \quad (3.31)$$

$$C_4 = \begin{bmatrix} 0.1500 \\ -0.2598 \\ 0 \end{bmatrix} \begin{bmatrix} \vec{i} \\ \vec{j} \\ \vec{k} \end{bmatrix} \quad (3.32)$$

Les positions des cibles dans le plan de la chambre oxy en coordonnées cartésiennes sont indiquées dans le tableau 3.3.

Tab. 3.3 Positions des cibles dans le plan de la chambre

Configuration	Coordonnées des sphères dans le repère oxyz en mètre
1 sphère	S_1 (0, 0, 0)
2 sphères	S_1 (0, 0, 0), S_2 (-0.25, 0.433, 0)
4 sphères	S_1 (0, 0, 0), S_2 (-0.25, 0.433, 0), S_3 (0.433, 0.25, 0), S_4 (0.15, -0.2598, 0)

III.4.1.4 La distance bistatique

L'antenne émettrice, à la position (x_E, y_E, z_E) envoie une pulsation de micro-ondes vers la zone éclairée. L'antenne de réception à la position (x_R, y_R) enregistre le signal de retour de la scène située dans la zone du radar. La distance aller-retour entre l'émetteur et un réflecteur d'un pixel de l'image de la scène éclairée M (x_M, y_M) puis le retour au récepteur représente la distance bistatique. Cette distance est donc la somme de deux distances Émetteur-M (D_{EM}) et M-Récepteurs (D_{MR}) (équation 3.33).

$$\mathrm{dBist} = D_{EM} + D_{MR} \quad (3.33)$$

- La distance Émetteur – M est donnée par :

$$D_{EM} = \left\| \vec{E} - \vec{M} \right\| \tag{3.34}$$

où $\|.\|$ est la distance et $\vec{M}$ est un vecteur qui décrit une position d'un point M dans le plan d'image oxy

En coordonnées x, y et z, la distance D_{EM} est :

$$D_{EM} = \sqrt{(x_E - x_M)^2 + (y_E - y_M)^2 + (z_E - z_M)^2} \tag{3.35}$$

- La distance M-Récepteur est donnée par :

$$D_{MR_i} = \left\| \vec{M} - \vec{R_i} \right\| \tag{3.36}$$

En coordonnées x et y la distance DMR_i est :

$$D_{MR_i} = \sqrt{(x_M - x_{Ri})^2 + (y_M - y_{Ri})^2} \tag{3.37}$$

où (x_{Ri} , y_{Ri}) sont les coordonnées de la $i^{ème}$ antenne réceptrice.

- En coordonnées x, y et z la distance bistatique sera :

$$dBist = \sqrt{(x_E - x_M)^2 + (y_E - y_M)^2 + (z_E - z_M)^2} + \sqrt{(x_M - x_{Ri})^2 + (y_M - y_{Ri})^2} \tag{3.38}$$

III.4.2 Les algorithmes des simulations

III.4.2.1 Le signal reçu dans le domaine (fréquence, angle)

Le signal reçu *S (f, u)* est mesuré avec un analyseur de réseau vectoriel (instrument de mesure qui permet de mesurer les propriétés en amplitude et en phase).

Le signal reçu est normalisé par un signal de référence S_r [55,114] :

$$S(f,u) = \frac{S_m(f,u)}{S_r(f,u)} \tag{3.39}$$

Ce signal de référence S_r s'exprime en fonction du signal émis P (f) et de la position de l'émetteur et du récepteur :

$$S_r(f,u) = L_p\, P(f) \exp\left(-jk(f)\left(\vec{L}_E + \vec{L}_R(u)\right)\right) \tag{3.40}$$

où k = 2πf/c est le nombre d'ondes spatiales et L_p un terme d'amplitude qui modélise les différentes pertes (pertes de propagation et diagrammes d'antennes).

Avec ce système, le signal reçu est mesuré pour chaque fréquence " *f* " et pour chaque position "u" du récepteur. La mesure est de type "step frequency" avec l'acquisition de 801 points de fréquence.

Le signal reçu normalisé (équation 3.39) est concaténé sous forme matricielle S, dont chaque ligne correspond à une position du récepteur "u", la colonne est liée à l'indice fréquentiel. La cible est modélisée comme un ensemble fini de points brillants immobiles (la notion de point brillant correspond à celle de diffuseur ponctuel, c'est-à-dire un objet qui diffuse de façon isotrope quels que soient la fréquence et l'angle bistatique) [55,114].

En utilisant ce modèle de cible

$$f(x,y) = \sum_{i=1}^{W} A_i\, \delta(\vec{r} - \vec{r}_i) \qquad (3.41)$$

où A_i l'amplitude du point brillant localisé en $\vec{r}_i$

On supposant que l'onde est plane, le signal reçu s'exprime ainsi

$$S(f,u) = \iint f(x,y) \exp\left(-jk(\hat{L}_E + \hat{L}_R)\vec{r}_i\right) dxdy \qquad (3.42)$$

$$S(f,u) = \sum_{i=1}^{N} A_i\, \exp\left(-jk(\hat{L}_E + \hat{L}_R)\vec{r}_i\right) \qquad (3.43)$$

avec *N*, le nombre de points brillants et

L'équation 3.51 est calculée en utilisant l'approximation du champ lointain $\frac{\|\vec{r}\|}{\|\vec{L}_E\|} \ll 1$ et $\frac{\|\vec{r}\|}{\|\vec{L}_R\|} \ll 1$. Cette équation peut se mettre sous la forme suivante :

$$S(f,u) = \iint f(x,y) \exp\left(-j(k_x x + k_y y)\right) dxdy \qquad (3.44)$$

Avec $k_x(f,u) = 2k(f)\cos\left(\frac{\beta(u)}{2}\right)\hat{\beta}(u)\hat{x}$ et $k_y(f,u) = 2k(f)\cos\left(\frac{\beta(u)}{2}\right)\hat{\beta}(u)\hat{y}$

où β est l'angle bistatique. Il correspond à l'angle entre les vecteurs $\vec{L}_E$ et $\vec{L}_R$

L'équation 3.44 montre que la fonction cible *f* (x,y) est liée au signal mesuré S(*f*, u) par une transformée de Fourier. Avec cette approximation, la relation entre la fonction cible et le champ diffusé, s'exprime comme un problème de synthèse de Fourier. Ainsi, pour une position donnée de l'émetteur et du récepteur, le signal reçu nous donne une connaissance de la transformée de Fourier 2D de la scène, sur un segment dont la longueur est liée à la largeur de la bande du signal émis. Alors une méthode simple pour retrouver l'image de la cible est une transformée de Fourier inverse. Malheureusement, ce remplissage n'est jamais complet et, par conséquent, plusieurs algorithmes, de reconstruction d'image, ont été développés [55,114]. Dans ce travail nous avons utilisé trois types d'algorithmes: l'algorithme à filtrage adapté (MFA), l'algorithme de rétroprojection (BPA) et l'algorithme de format polaire (PFA).

III.4.2.2 L'algorithme à filtrage adapté

Le MFA utilisé pour cette simulation peut être résumé par les étapes suivantes (Fig. 3.5 (a)):

1. Téléchargement des données brutes S(*f*,u) de mesure :
2. Création d'une scène d'image de calcul dans le plan oxy, entre les points [-0.65 : 0.65] et un pas égal à 0.01
3. Calcul des distances D_{EM} : Émetteur – Chaque point de la scène.
4. Calcul des distances D_{MR} : Chaque point de la scène – Récepteur
5. Calcul de la distance bistatique par l'équation 3.38
6. Simulation du bruit pour différentes valeurs du rapport signal / clutter (SCR).
7. Ajout du bruit aux données brutes pour créer unsignal bruité : S_b= S + Bruit.
8. Calcul du signal reçu à partir de l'équation 3.5 (filtrage adapté)
9. Représentation de l'image de la scène.

III.4.2.3 L'algorithme de rétroprojection

Le BPA se décompose selon les étapes suivantes (Fig. 3.5 (b)):

1. Téléchargement de données de mesure.
2. Création d'une scène d'image de calcul dans le plan oxy, entre les points -0.65 à 0.65 et d'un pas 0.01
3. Simulation du bruit pour différentes valeurs du rapport signal sur bruit (SCR).
4. Ajout du bruit aux données brutes S_b= S + Bruit.
5. Création du signal temporel à partir du signal fréquentiel S (IFFT de S) avec une interpolation. Ainsi, le signal compressé, constitué de 801 échantillons fréquentiels est étendu par des zéros à N=8192 échantillons temporels.

6. Calcul des distances D_{EM}, D_{MR} et dBist pour chaque pixel de la scène
7. Calcul du temps de propagation dBist/c (avec c la vitesse de la lumière) pour chaque point de la scène.
8. Faire une approximation de chaque temps de propagation à une valeur entière
9. Calcul de la somme de tous les temps de propagation
10. Recherche de la valeur du signal associée à chaque distance bistatique pour chaque antenne réceptrice, et pour chaque pixel, et sommer ces valeurs pour connaître la réflectivité $I(x_i, y_i)$ à partir de l'équation 3.7
11. Affichage de l'image ainsi reconstruite.

III.4.2.4 L'algorithme de format polaire

La méthode de traitement en format polaire peut être résumée selon les étapes suivantes (Fig. 3.5 (c)):

1. Téléchargement des données brutes recueillies et stockées dans le format polaire.
2. Simulation du bruit pour différentes valeurs du rapport signal sur bruit (SCR).
3. Ajout du bruit aux données brutes S_b= S + bruit.
4. Fabrication du plan fréquentiel correspondant à l'image (kx, ky)
5. Fabrication du plan de mesure km =$k(\vec{E},\vec{R})$
6. Calcul de la distance bistatique pour chaque point de l'image
7. Interpolation 2D
8. Calcul de l'IFFT 2-D
9. Affichage de l'image de la scène dans le plan d'image oxy.

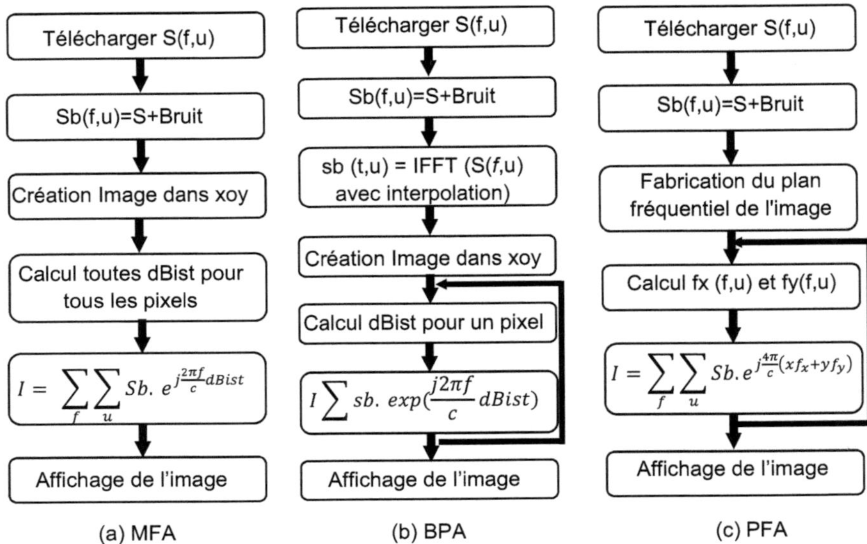

(a) MFA (b) BPA (c) PFA

Fig. 3.5 Organigrammes de trois Algorithmes

III.4.3 Les critères de comparaisons [55,114]

Les critères de comparaison sont définis afin de mesurer la détection, la résolution ainsi que l'importance des lobes secondaires. Ces paramètres sont obtenus à partir de valeurs statistiques de l'image étudiée.

La figure suivante décrit les différents paramètres de détection, décrits vis-à-vis d'une cible réelle (sphère). Pour des raisons de clarté, cette figure correspond au cas unidimensionnel.

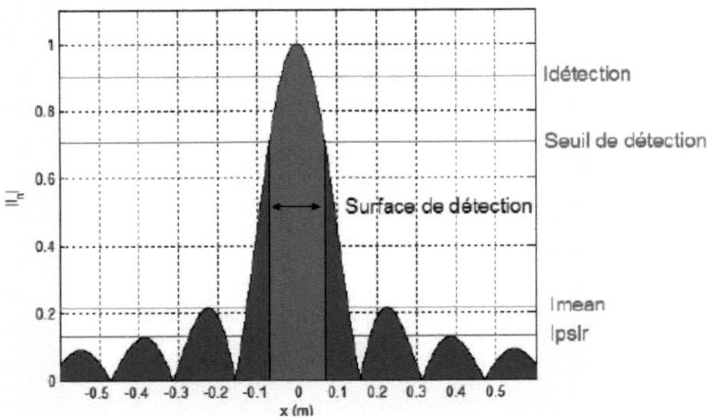

Fig. 3.6 Illustration des paramètres de détection – cas 1D

La capacité de détection, de résolution ainsi que l'importance des lobes secondaires sont mesurées à partir des paramètres suivants :

III.4.3.1 Le nombre de cibles détectées

Ce paramètre correspond au nombre de zones de l'image normalisée qui sont supérieures au seuil (le seuil choisi est égal à -3dB dans ce cas ce paramètre est égal à 1). Il nous renseigne sur la capacité de détection lorsque le seuil est placé à -3dB. Il doit correspondre au nombre de cibles éclairées.

III.4.3.2 La valeur moyenne

Ce paramètre, noté Imean, est égal à la valeur moyenne de l'image normalisée.

$$I_{mean} = \int_S I(x,y)dxdy = w\frac{\pi {R_c}^2}{S^2} \tag{3.45}$$

Avec w, le nombre de cible, Rc le rayon de la cible et S la surface de l'image.
Dans notre cas, cette valeur est calculée sur une taille d'image de 1.3mx1.3m avec une taille de pixel de 0.01mx0.01m. Dans le cas idéal, il correspond à la formule :

$$I_{mean} = w\frac{\pi(0.038)^2}{(1.3)^2} = 0.0027w \tag{3.46}$$

Exprimée en dB cette expression s'écrit ainsi :

$$I_{mean}(dB) = 20\log(w) - 51.37 \tag{3.47}$$

Le tableau suivant, donne les valeurs idéales de Imean en fonction du nombre des cibles :

Tab. 3.4 Valeurs de Imean (dB) en fonction du nombre de cibles

Nombre des cibles	1	2	4
Imean en dB	-51.4	-45.4	-39.4

III.4.3.3 Le paramètre de détection

Ce paramètre, noté par Idétection et exprimé en dB, correspond à la valeur moyenne de l'image dans les zones où "I" est supérieur au seuil de détection (- 3dB). Dans le cas idéal, cette valeur est de 0 dB.

III.4.3.4 L'importance des lobes secondaire

Ce paramètre, noté Ipslr (dB), correspond à la valeur moyenne des zones où I< Seuil. Dans le cas idéal, cette valeur tend vers moins l'infini (-∞). En comparant cette valeur à Idétection, il permet de se fixer un seuil de détection.

III.4.3.5 La surface de détection

Ce paramètre correspond à la surface de l'image normalisée qui est supérieure au seuil. Il permet de mesurer la résolution de l'image. Dans notre cas, cette surface de détection correspond à la surface projetée de la sphère soit :

Tab. 3.5 Valeurs de la surface de détection en fonction du nombre de cibles

Nombre des cibles	1	2	4
Surface de détection (m^2)	0.0045	0.0091	0.0181

III.4.3.6 Le pourcentage de surface de détection

Ce paramètre est égal au rapport entre la surface de détection et la surface de l'image. Il est exprimé en %. Dans le cas d'une image parfaite (système de mesure idéal), il devient :

Tab. 3.6 Pourcentage de surface de détection en fonction du nombre de cibles

Nombre des cibles	1	2	4
Pourcentage surface de détection (%)	0.27	0.54	1.08

III.5 RESULTATS ET DISCUSSIONS

III.5.1 Résultats sans bruit

Dans cette partie, les données de mesures sont traitées avec les MFA, BPA et PFA pour former les images des scènes décrites précédemment et détecter les cibles dans ces images.

- La simulation a été effectuée pour les bandes de fréquences BF1 et BF2 pour les trois scènes de mesures : une seule cible, 2 cibles et 4 cibles.
- Le signal reçu est mesuré pour "*f*" et pour chaque position angulaire "u" ;
- Des critères de comparaison ont été appliqués afin de faire des comparaisons entre les résultats trouvés des trois algorithmes ;
- Les images 3D des positions des cibles des trois scènes pour les deux bandes de fréquences sont présentées dans la figure 3.7 ;
- Les images de l'amplitude de la matrice de données brutes, utilisées dans cette étude, pour les trois scènes, sont représentées dans la figure 3.8 ;
- Les figures 3.9 et 3.10 représentent les images des résultats obtenus par les trois algorithmes des trois scènes pour des signaux nets sans bruit de deux contextes BF1 et BF2 respectivement ;
- Les tableaux 3.7 et 3.8 présentent les valeurs des critères de comparaison calculées sur les données des images présentées dans les figures 3.9 et 3.10 .

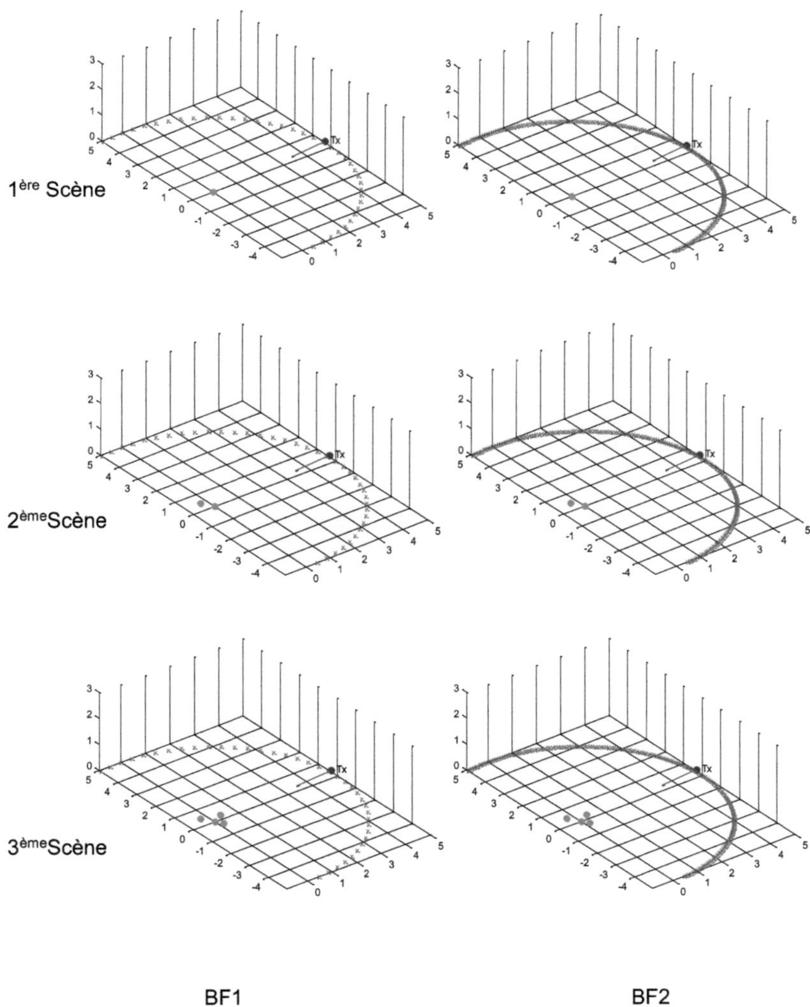

Fig. 3.7 Géométrie des trois scènes (positions et trajectoires du récepteur)

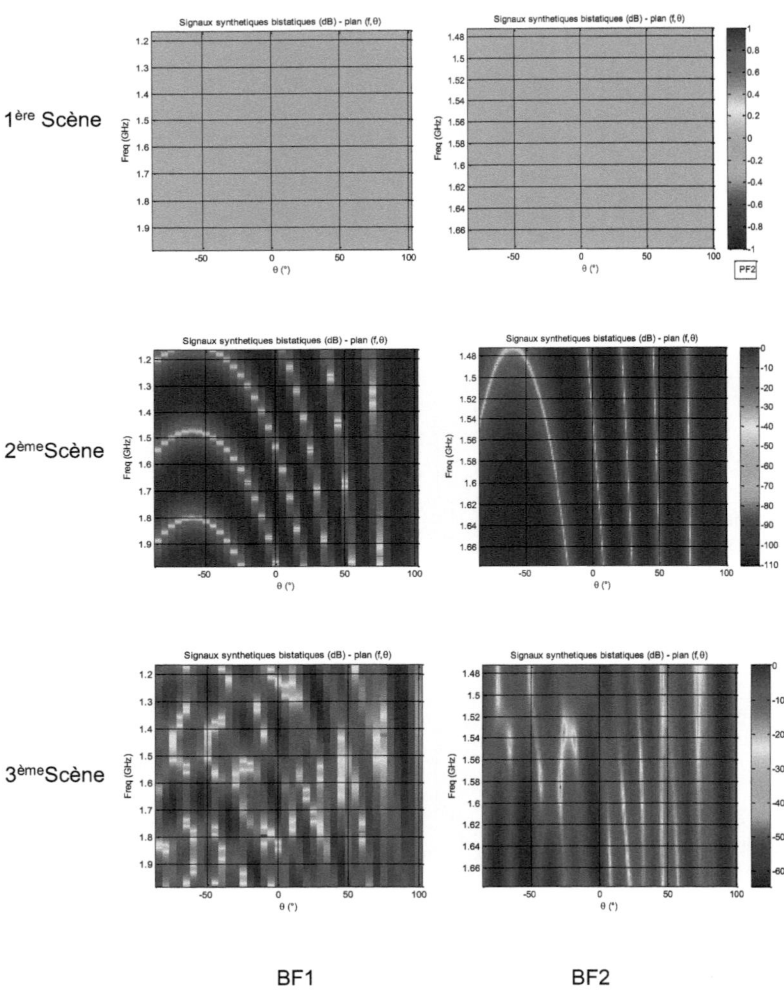

Fig. 3.8 Images des amplitudes des matrices de données de deux contextes domaine (t,u)

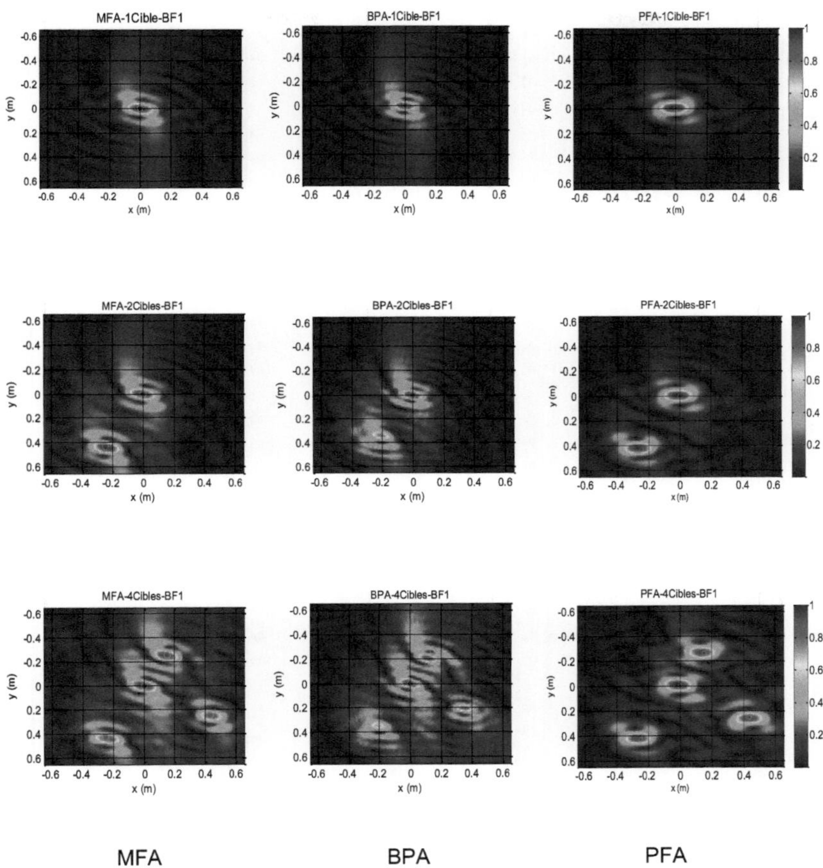

Fig. 3.9 Images des trois scènes obtenues par les trois algorithmes pour le contexte de mesure BF1

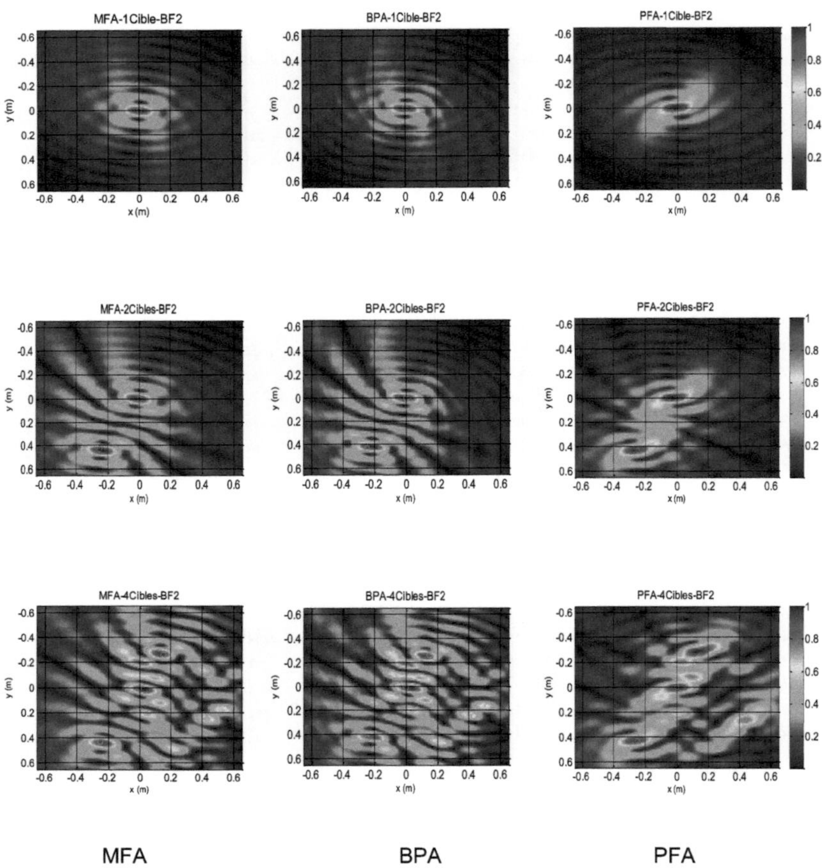

Fig. 3.10 Images des trois scènes obtenues par les trois algorithmes pour le contexte de mesure BF2.

Tab. 3.7 Capacités de détection en fonction des critères de comparaison des trois scènes pour le contexte de mesure BF1

Cible	1			2			4		
Algorithme	MFA	BPA	PFA	MFA	BPA	PFA	MFA	BPA	PFA
Imean (dB)	-22.920	-23.967	-26.137	-19.495	-20.218	22.337	-15.724	-16.583	-18.372
Idétecion (dB)	-1.486	-1.452	-1.543	-1.486	-1.710	-1.5302	-1.757	-1.7284	-1.7251
Ipslr(dB)	-27.205	-28.349	-31.321	-23.900	-24.705	-27.491	-19.028	-19.874	-22.715
Surface de détection (m^2)	0.007	0.0045	0.0084	0.0139	0.0056	0.0148	0.0211	0.0089	0.0262
Surface de détection (%)	0.414	0.268	0.495	0.8216	0.3321	0.8741	1.247	0.5244	1.55

Tab. 3.8 Capacités de détection en fonction des critères de comparaison des trois scènes pour le contexte de mesure BF2

Cible	1			2			4		
Algorithme	MFA	BPA	PFA	MFA	BPA	PFA	MFA	BPA	PFA
Imean (dB)	-16.271	-16.472	-18.215	-13.686	-13.902	-15.179	-11.379	-11.614	-12.335
Idétection (dB)	-1.521	-1.427	-1.512	-1.492	-1.561	-1.606	-1.772	-1.904	-1.847
Ipslr(dB)	-18.37	-18.565	-21.518	-15.82	-16.154	-17.952	-13.054	-13.327	-14.781
Surface de détection (m^2)	0.0083	0.0067	0.0099	0.0156	0.0142	0.0189	0.0222	0.0194	0.0346
Surface de détection (%)	0.4895	0.3962	0.5885	0.9149	0.8391	1.1188	1.311	1.148	2.0453

Des figures 3.9 et 3.10 et des tableaux 3.7 et 3.8, nous remarquons que :

- L'ensemble des algorithmes, pour les trois scènes et avec les deux contextes de mesures, fournissent des résultats très proches. Toutes les cibles sont détectées, séparables et localisées dans leurs positions actuelles, sauf la cible N°3 avec le BPA.
- La valeur moyenne, qui indique la luminosité de l'image, est plus proche de la valeur idéale avec le PFA pour les trois scènes et avec les deux contextes de mesures alors le PFA donne les images les plus claires.
- Idétection, qui donne la détection des cibles dans les images et Ipslr qui indique l'importance des lobes secondaires, sont comparables. Le MFA est le plus efficace en critère de détection (Idétection la plus proche du 0 dB c.-à-d. la plus

grande) et en terme de localisation des cibles et le PFA est le plus efficace en terme de réaction contre les lobes secondaires (Ipslr le plus petit) et en matière de coût de calcul (un temps de calcul presque 14 fois moins que le temps de calcul de MFA et 3 fois moins que celle de BPA).

- La surface de détection des trois algorithmes, pour les trois scènes et avec les deux contextes de mesures, correspond aux valeurs théoriques (surtout dans le cas d'une cible présente dans la scène) et l'algorithme PF présente la plus grande surface de détection alors la plus grande résolution.
- Dans la bande de fréquences 2 (BF2), les performances des trois algorithmes diminuent complètement par les diminutions de la luminosité et de la détection (Imean et Idétection diminuent) et par l'apparition de lobes secondaires, surtout quand le nombre des cibles augmente dans la scène éclairée (Ipslr augment). Dans ce cas, le seuil de détection doit être plus important (diminution de l'écart entre Idétection et Ipslr).
- Pour conclure, les trois algorithmes fournissent des résultats très comparables et proches des résolutions théoriques. Le choix va donc porter principalement sur des critères de rapidité. Dans ce cas, un bon compromis du temps de calcul et de précision est obtenu avec le PFA.

III.5.2 Résultats en présence du bruit

Le bruit est un des problèmes lié à la nature du processus d'imagerie radar, sa présence dégrade la qualité d'image et il peut cacher des détails importants dans l'image. Par conséquent, il peut conduire à des pertes d'informations cruciales.
En raison de la physique du processus de l'imagerie radar, les images SAR contiennent des objets non désirés sous la forme d'un aspect granuleux qui est appelé "Speckle". Les hypothèses classiques du modèle de la génération d'images SAR conduisent à un modèle de distribution de Rayleigh (voir annexe) pour l'histogramme de l'image SAR. Cependant, certaines données expérimentales telles que les images des zones urbaines montrent des caractéristiques impulsives clairement non-Rayleigh. Certaines distributions alternatives ont été proposées telles que la distribution de Weibull [58,124] et K [125] données, respectivement, par :

$$f(x;\alpha,b) = \alpha b x^{b-1}\exp(-\alpha x^{b}) \tag{3.48}$$

$$f(x;a,\nu) = \frac{2}{a\Gamma(\nu+1)}\left(\frac{x}{2a}\right)^{\nu+1} k_{\nu}\left(\frac{x}{a}\right) \qquad \nu>-1 \tag{3.49}$$

où "b" et "α" sont les paramètres de forme et d'échelle, respectivement de la distribution Weibull, Γ désigne la fonction gamma, "ν" et "a" sont les paramètres de forme et d'échelle, respectivement et "*k*" est la fonction de Bessel modifiée de seconde espèce d'ordre ν>-1.

Dans cette partie, nous allons étudier les effets de ces deux types de clutter sur la détection des cibles et les performances des trois algorithmes MFA, BPA et PFA par la formation des images ciblées.
Deux formes de bruit seront étudiées : bruits réels avec les deux clutters Weibull et K et bruits complexes avec les deux clutters Weibull et K, pour décrire les amplitudes des bruits et le clutter uniforme, défini entre [0 :2π], pour décrire les phases des bruits.

III.5.2.1 Résultats avec bruits réels

Dans cette section, nous allons étudier le comportement des trois algorithmes en présence des bruits réels additifs de type Weibull et K en fonction du rapport signal-clutter SCR

- La puissance du bruit a été fixée à un pour faciliter le calcul du SCR et celle du signal sera changée pour avoir le SCR désiré.
- Pour avoir la puissance du bruit unitaire, les paramètres de deux distributions sont liés par les relations (3.50) pour la distribution Weibull et (3.51) pour la distribution K.

$$\alpha = \frac{1}{\sqrt{\Gamma\left(\frac{2}{b}+1\right)}} \tag{3.50}$$

$$a = \frac{1}{2\sqrt{\nu+1}} \tag{3.51}$$

- Comme le contexte de mesure BF1 donne des meilleurs résultats que la BF2, (a été monté dans section précédente), alors nous allons donner juste les résultats concernant la bande de fréquences BF1.

- Une comparaison de résultats de simulation de détection et de localisation des cibles, des trois algorithmes sera présentée vis-à-vis de leurs résolutions et de l'importance de leurs lobes secondaires sous forme des figures en fonction du SCR.
- Les figures 3.11 à 3.13 représentent les résultats des images de trois scènes avec un bruit Weibull pour différentes valeurs du SCR (10,-5, -20) dB, traités par les trois algorithmes.
- Les figures 3.14 à 3.16 représentent les résultats des images de trois scènes avec un bruit K pour différentes valeurs du SCR (10,0, -10) dB, traités par les trois algorithmes.
- Les valeurs du SCR choisies pour les six figures, pour les deux bruits, présentent les valeurs du SCR pour une bonne détection, une détection minimale et absence totale de détection.
- Les figures 3.17 et 3.18, représentent les résultats des critères de comparaison, Ipslr et surface de détection en fonction de SCR.
- La figure 3.19 représente les résultats des critères de comparaisons, Ipslr et surface de détection, en fonction de SCR, pour synthétiser les données présentées sur les images de la 3ème scène, obtenues par les trois algorithmes en présence de deux bruits Weibull et K.

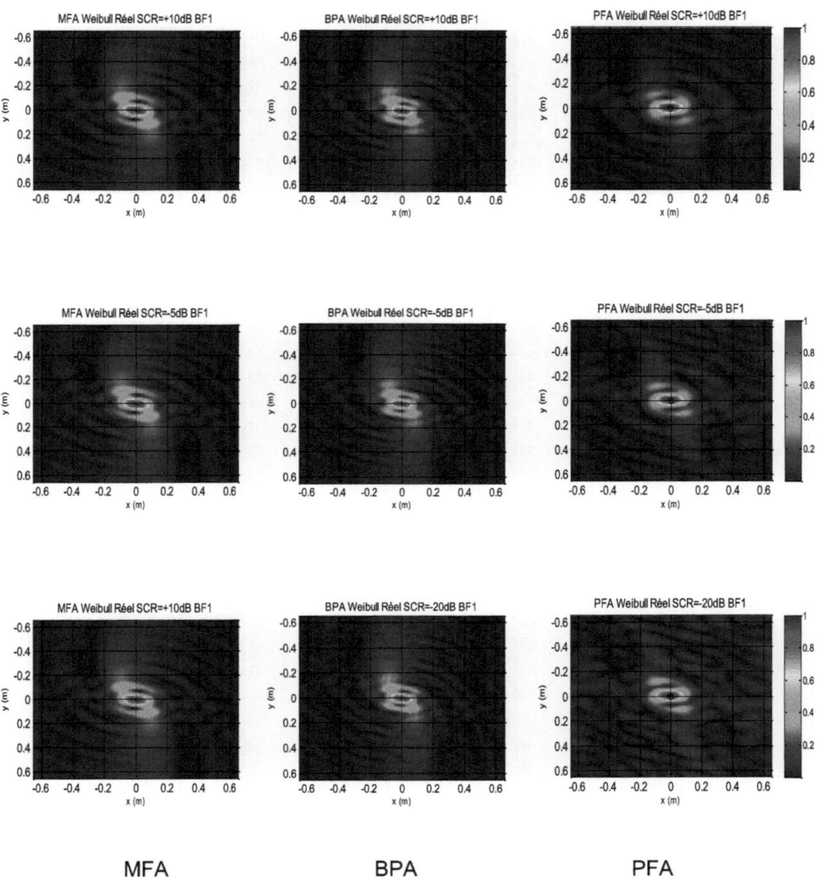

Fig. 3.11 Images de la 1ère scène, obtenues par les trois algorithmes en présence du bruit Weibull réel pour différents SCR (10,-5, -20) dB

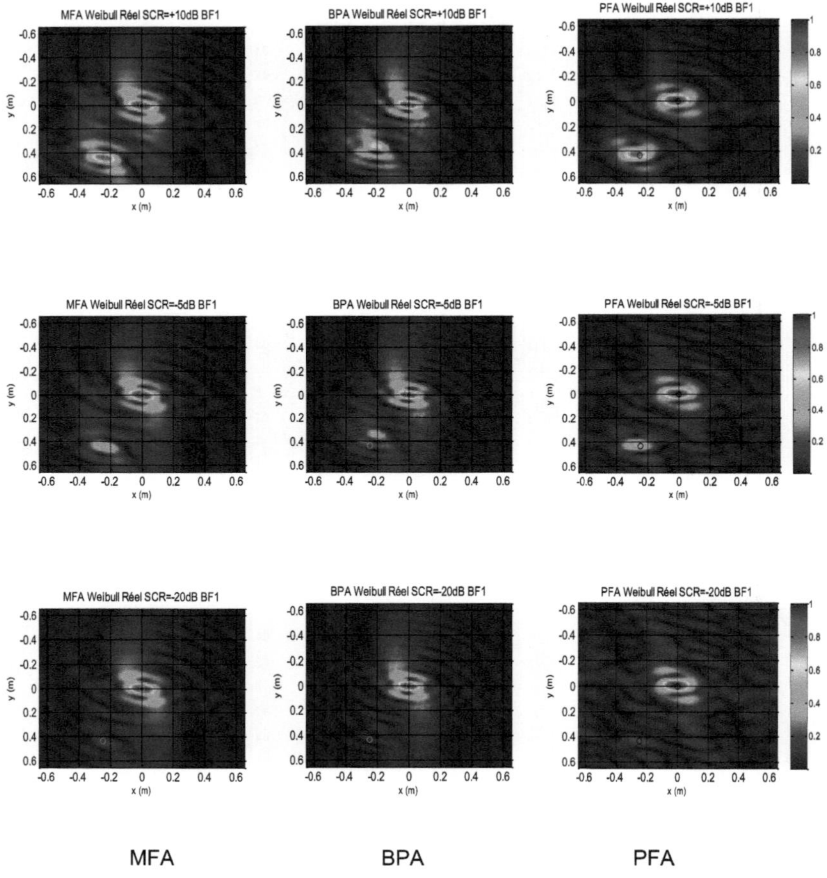

Fig. 3.12 Images de la 2ème scène, obtenues par les trois algorithmes en présence du bruit Weibull réel pour différents SCR (10,-5, -20) dB

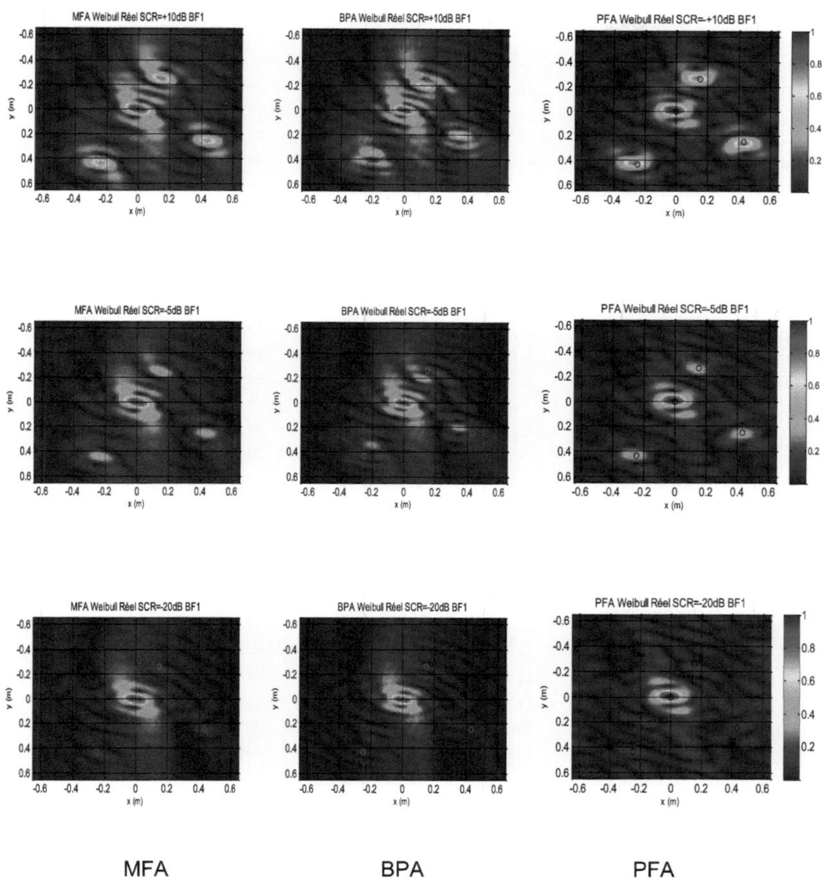

Fig. 3.13 Images de la 3ème scène, obtenues par les trois algorithmes en présence du bruit Weibull réel pour différents SCR (10,-5, -20) dB

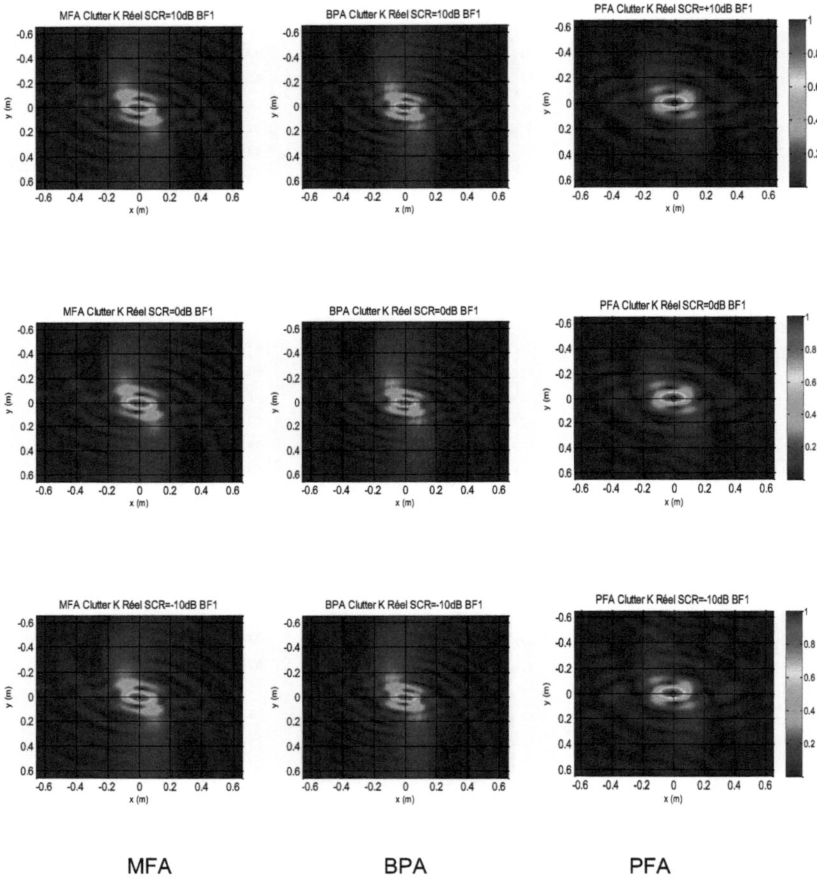

Fig. 3.14 Images de la 1ère scène, obtenues par les trois algorithmes en présence du bruit K réel pour différents SCR (10,0, -10) dB

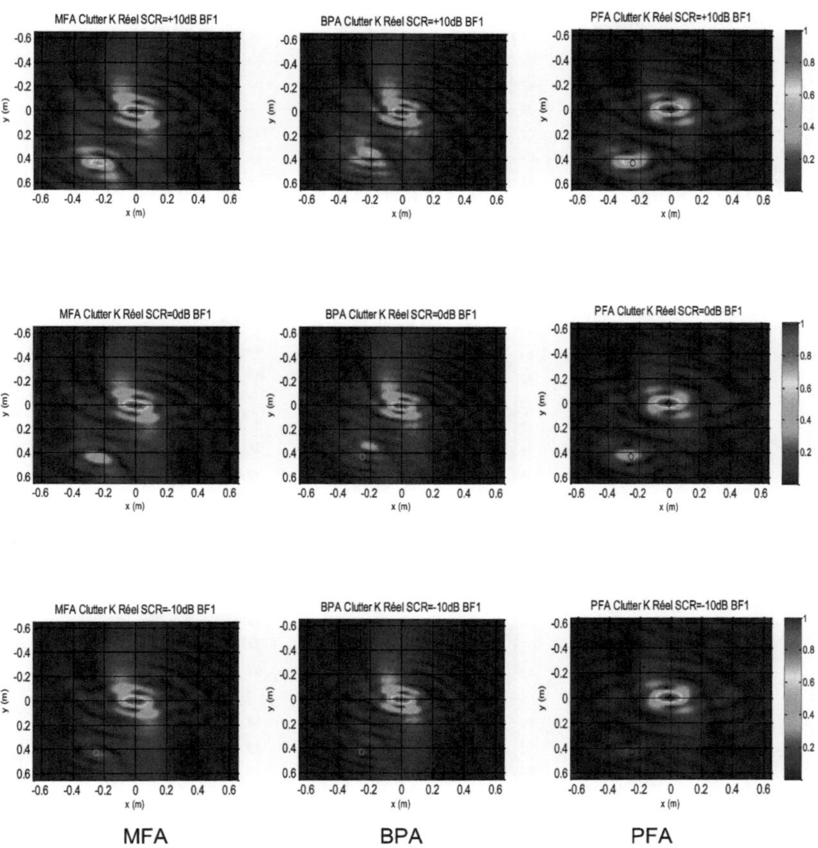

Fig. 3.15 Images de la 2^{ème}scène obtenues par les trois algorithmes en présence du bruit K réel pour différents SCR (10,0, -10) dB

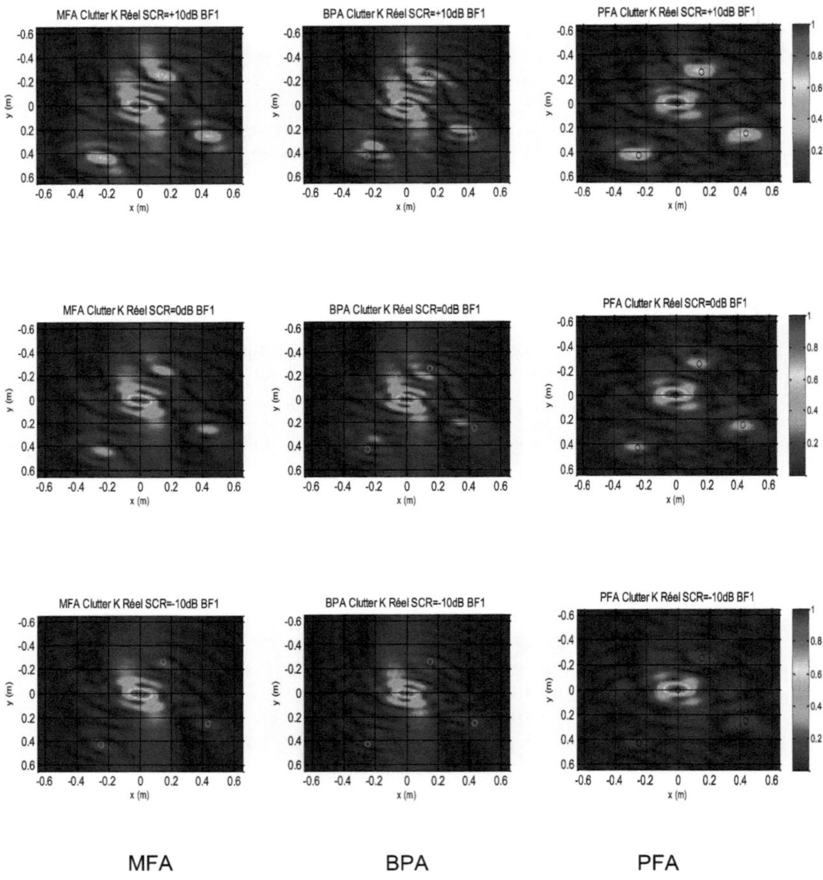

Fig. 3.16 Images de la 3ème scène, obtenues par les trois algorithmes en présence du bruit K réel pour différents SCR (10,0, -10) dB

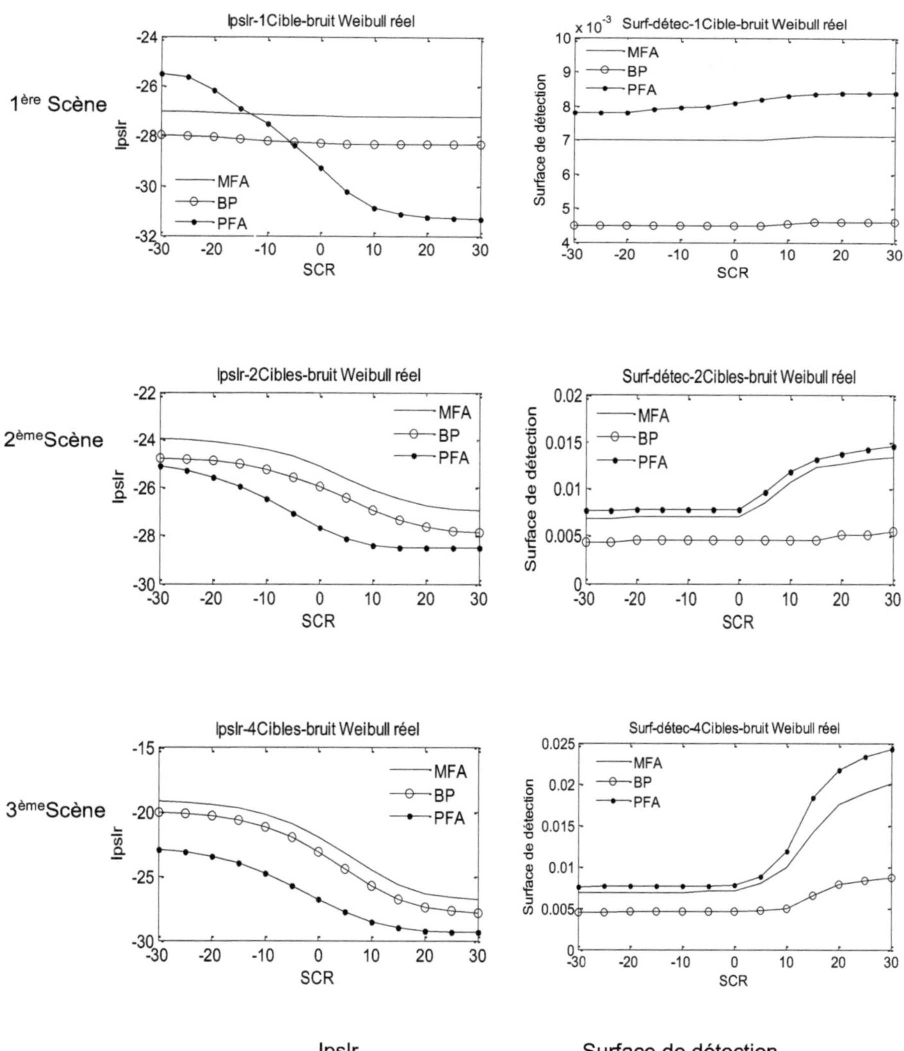

Fig. 3.17 Résultats de Ipslr et Surface de détection en fonction du SCR des images des trois scènes obtenues par les trois algorithmes en présence du bruit Weibull réel

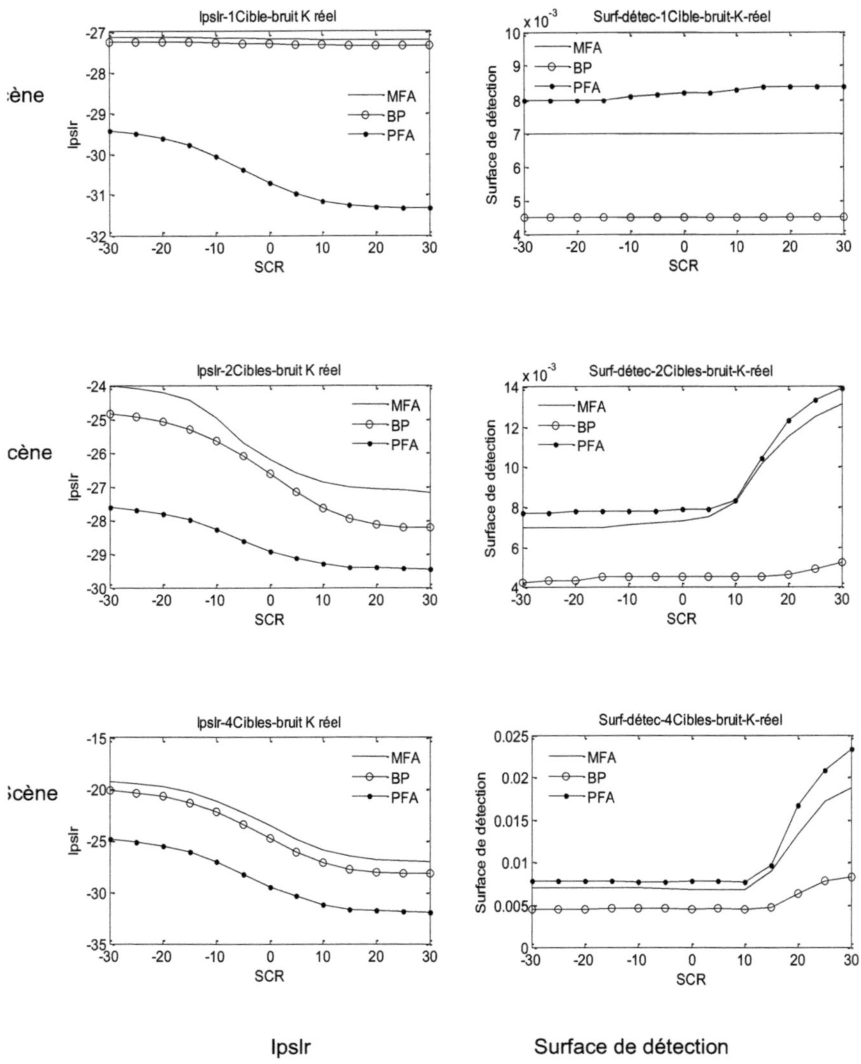

Fig. 3.18 Résultats de Ipslr et Surface de détection en fonction du SCR des images des trois scènes obtenues par les trois algorithmes en présence du bruit K réel

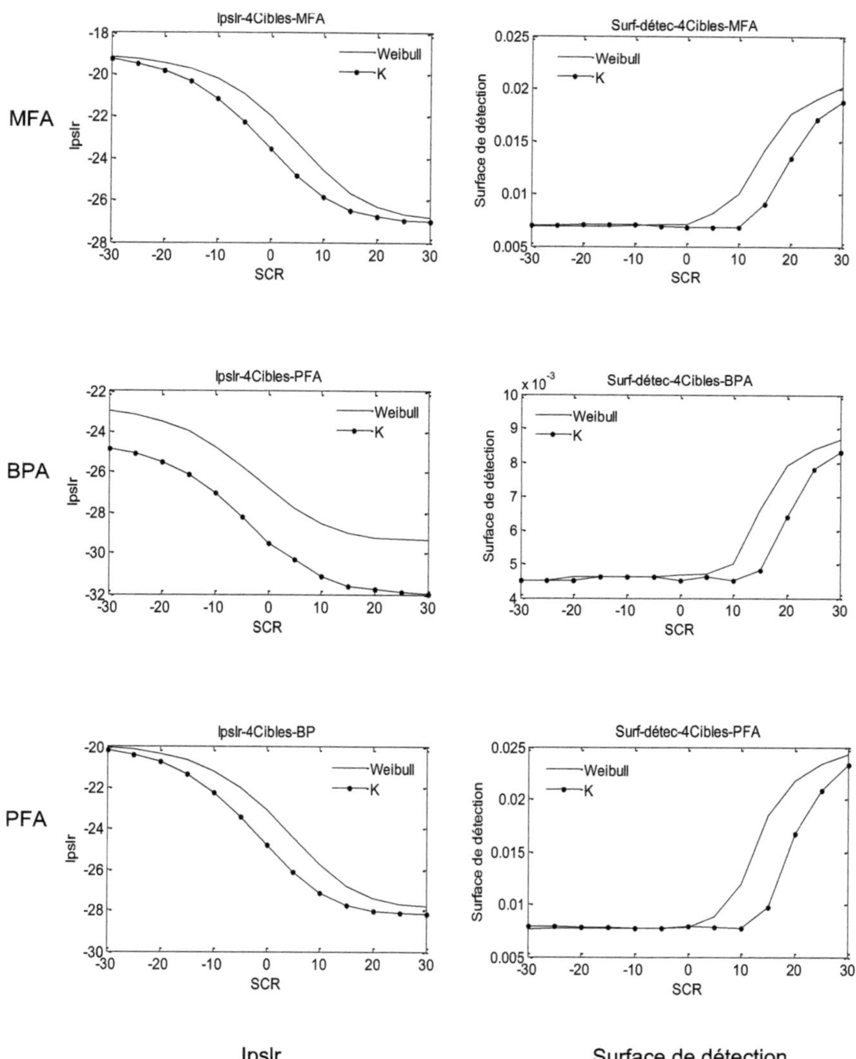

Fig. 3.19 Résultats de Ipslr et Surface de détection en fonction du SCR des images de la 3ème scène obtenues par les trois algorithmes en présence des bruits Weibull et K

Des figures 3.11 à 3.19 nous remarquons :

- La présence toujours de la cible du milieu de la scène quelle que soit la valeur du SCR et même en absence de détection. Ce problème, nous le résolvons par le changement du bruit réel par un bruit complexe dans le paragraphe suivant.
- On distingue bien toutes les cibles à détecter qui se situent autour de leurs positions réelles avec le PFA et le MFA, mais pour le BPA, il y a une délocalisation des cibles sauf celle située au centre de la scène.
- Les cibles dans le PFA possèdent les signatures les plus importantes : une meilleure détection et résolution (Ipslr le plus petit et surface de détection la plus grande)
- Pour les MFA et BPA, il y a des échos des cibles très bruités pour des SCR faibles et pour le MFA (Ipslr le plus grand). Donc le MFA présente les lobes secondaires les plus larges, mais il a des surfaces de détection plus grandes que le BPA donc il présente une résolution meilleure que le BPA en plus il a la meilleure localisation des cibles.
- La détection diminue avec l'augmentation du nombre des cibles dans la scène éclairée. De ce résultat, nous allons limiter les résultats dans les paragraphes suivants au cas le plus défavorable c.-à-d. celle de la 3ème scène, qui contient quatre cibles.
- La surface de détection du bruit Weibull est plus grande impliquant la bonne résolution des images pour les trois algorithmes.
- Le Ipslr du bruit K est le plus faible ce qui implique que le bruit K est meilleur coté réaction contre les lobes secondaires pour les trois algorithmes.

III.5.2.2 Résultats avec bruit complexe

La présence de la cible du centre de la scène même en absence totale de détection, nous à mener à ajouter une phase aux bruits afin de corriger la détection. Donc, dans cette partie, les mêmes scènes que précédemment ont été simulées et traitées par les trois algorithmes en présence du bruit complexe additif d'amplitude de type Weibull puis K et de phase fixe de type clutter Uniform dans l'intervalle [0,2π].

- Les résultats présentés ci-dessous sont ceux de la 3ème scène qui présente la détection la plus défavorable comme montré au paragraphe précédent.
- La puissance du bruit a été toujours fixée à un et celle du signal a été changée pour avoir le SCR désiré.
- Une comparaison de résultats de simulation de détection et de localisation des cibles en fonction du SCR, des trois algorithmes sera présentée par rapport à leurs résolutions et l'importance de leurs lobes secondaires.
- Les figures 3.20 et 3.21 donnent les résultats obtenus pour signaux noyés dans un clutter : Weibull et K respectivement pour trois valeurs du SCR (-10,-20, -25) choisies de telle sorte à avoir une détection minimale pour chaque algorithme.
- La figure 3.22 représente les résultats des critères de comparaison, Ipslr et surface de détection en fonction du SCR, pour les données des images de la 3ème scène, obtenues par les trois algorithmes en présence du bruit complexe Weibull puis K.
- La figure 3.23 représente les résultats de comparaisons entre les deux bruits Weibull et K par le Ipslr et surface de détection en fonction du SCR, pour les trois algorithmes.

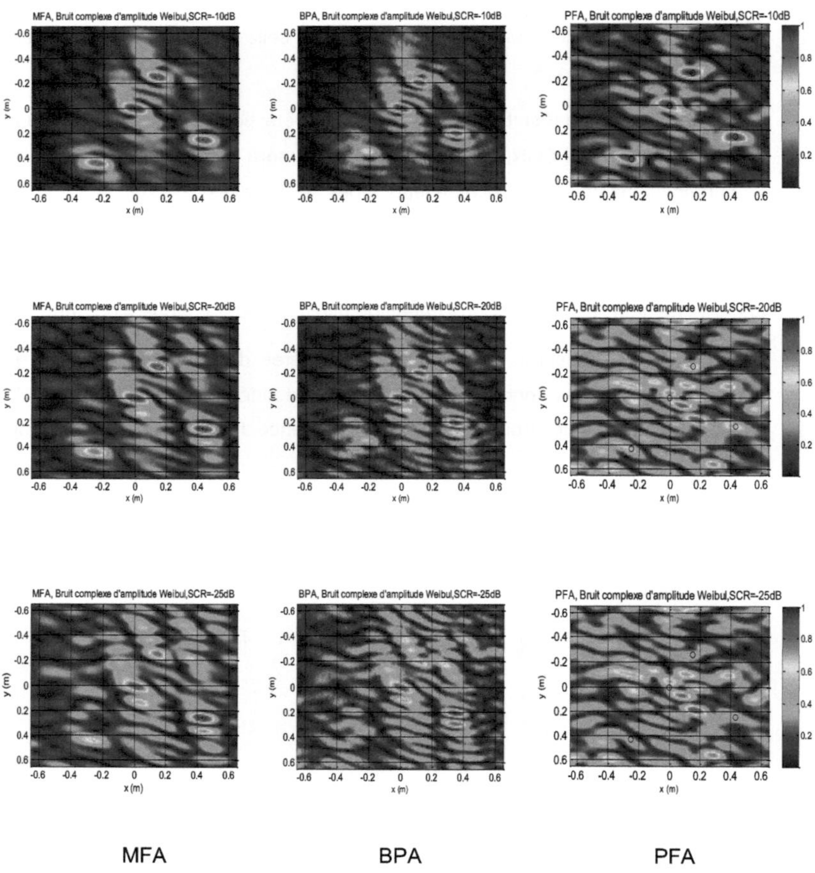

Fig. 3.20 Images de la 3ème scène, obtenues par les trois algorithmes en présence du bruit complexe d'amplitude Weibull pour différents SNR (-10,-20, -25) dB

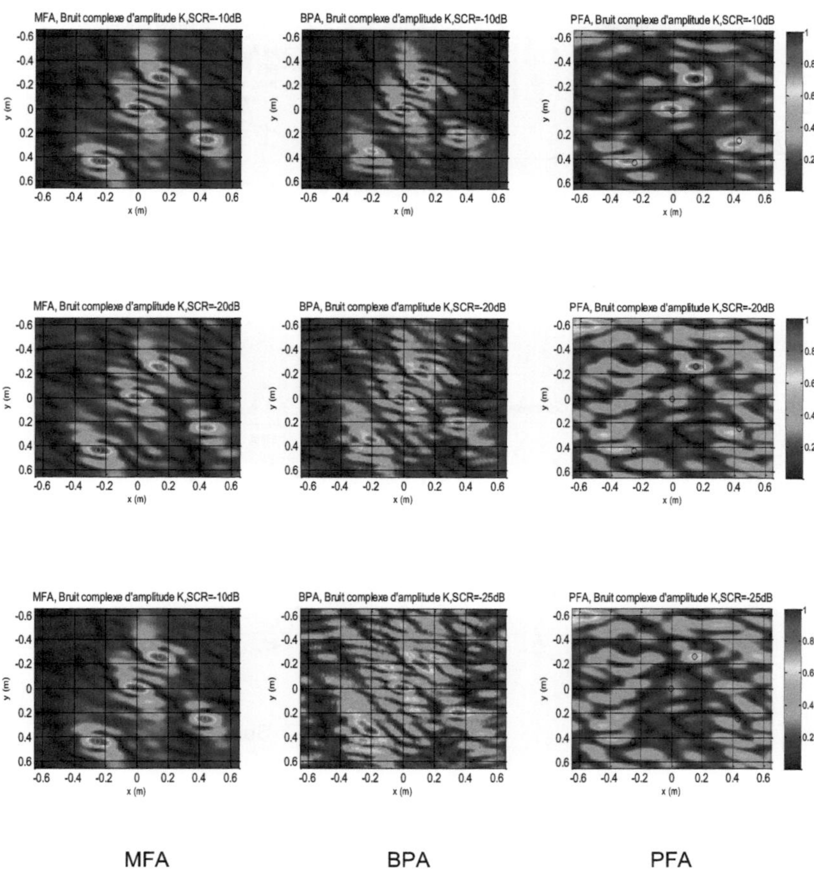

MFA BPA PFA

Fig. 3.21 Images de la 3ème scène, obtenues par les trois algorithmes en présence du bruit complexe d'amplitude K pour différents SCR (-10,-20, -25) dB

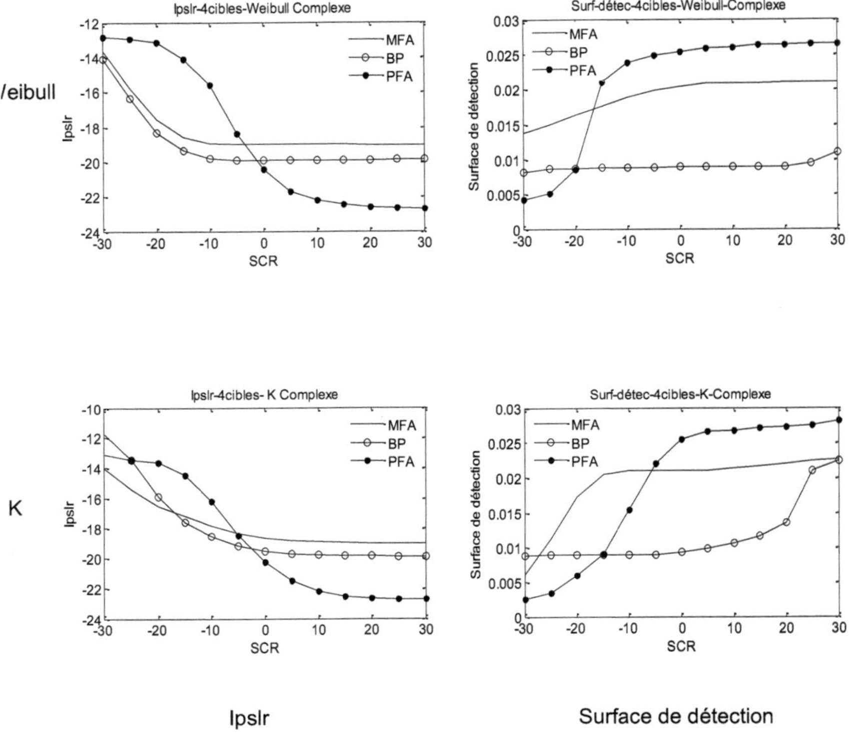

Fig. 3.22 Résultats de synthèse des images de la 3ème scène obtenus par les trois algorithmes en présence du bruit complexe d'amplitude Weibull et K

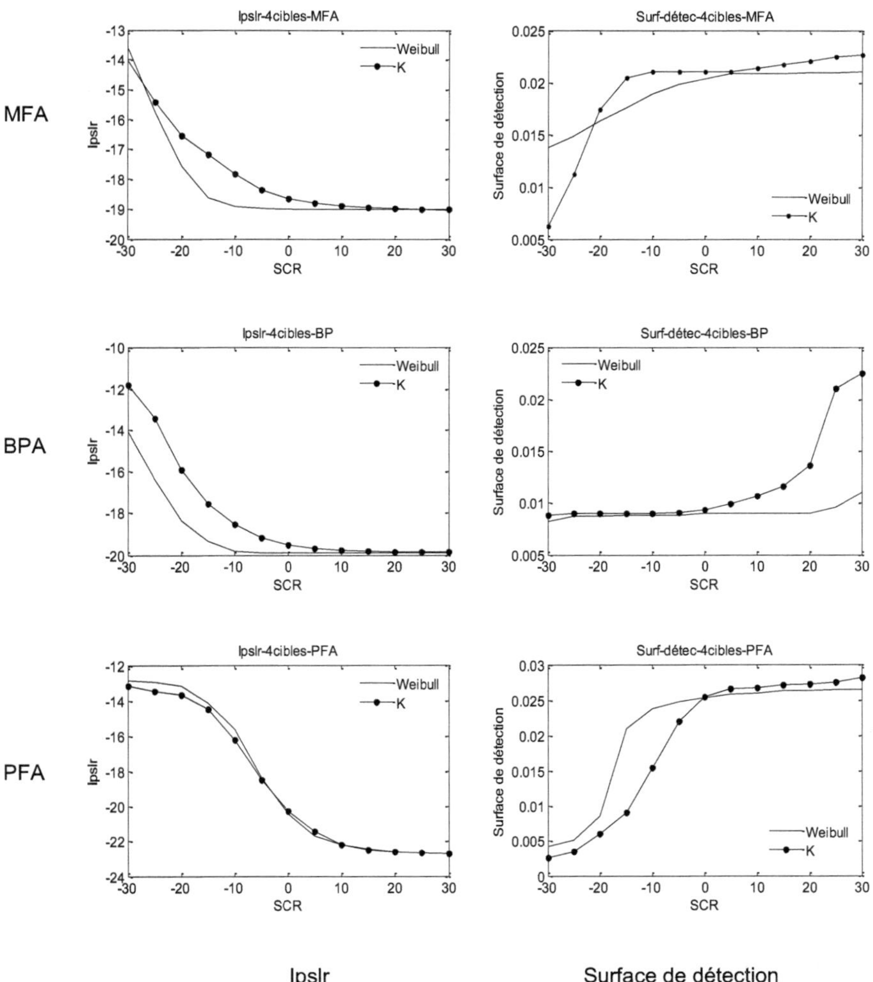

Fig. 3.23 Résultats de comparaisons entre les deux bruits Weibull et K par Ipslr et Surface de détection en fonction du SCR pour les trois algorithmes

Des figures 3.20 à 3.23, nous remarquons :

- Le problème de présence de la cible du centre de la scène est résolu par l'utilisation d'une phase du bruit non nulle.
- Les trois algorithmes présentent de bonnes performances de détection même pour un SCR très faible (jusqu'à -25 pour MFA, -20 pour BPA et -10 pour PFA).
- Pour l'ensemble des algorithmes, toutes les cibles sont bien détectées, séparables et localisées, sauf la cible N° 3 avec l'algorithme BPA.
- Une remontée des lobes secondaires apparaît autour de la cible du centre dans tous les cas et pour des SCR faibles, une cible secondaire apparaît.
- L'écart, entre les deux algorithmes MFA et BPA, est faible pour les faibles SCR. Toutefois, cet écart est plus important dans le cas de l'algorithme PF. Cependant, l'écart est faible entre MFA et PFA pour les grands SCR et important dans le cas de l'algorithme BPA.
- Ipslr et surface de détection sont meilleurs par le MFA pour les petits SCR et par le PFA pour les grands SCR. Donc nous pouvons dire que la détection par le MFA peut être faite avec un SCR plus faible que les deux autres algorithmes. Il donne les images de bonnes résolutions et il montre la forte capacité de rejection du bruit. Donc, il peut être utilisé pour minimiser le rapport signal-bruit. Mais il est l'algorithme le plus lourd.
- Les résultats en fonction de deux bruits complexes d'amplitudes Weibull et K sont très comparables surtout avec le PFA

Cette étude nous a permis de comparer trois algorithmes les plus utilisés pour la reconstruction des images entre eux par rapport à leurs résolutions et à l'importance de leurs lobes secondaires. Quoique que le BPA présente de légères délocalisations des cibles, globalement, sur l'ensemble des images présentées, les trois algorithmes fournissent des résultats très comparables.

III.5.2.3 Résultats des comparaisons entre bruit réel et complexe

Dans les paragraphes précédents, nous avons vu l'effet de deux types de bruits ; bruits réels des distributions Weibull et K et bruits complexes des amplitudes de types et Weibull et K et de phase fixe du type Uniform. Dans cette partie nous allons faire une comparaison entre ces deux types de bruit réel et complexe.

- Les résultats présentés ci-dessous sont ceux de la 3ème scène.
- Une comparaison de résultats de simulation de détection et de localisation des cibles en fonction du SCR, de deux bruits sera présentée par rapport à leurs résolutions et à l'importance de leurs lobes secondaires.
- Les figures 3.24 et 3.25 donnent les images obtenues avec les trois algorithmes pour les deux bruits réels et complexes du type Weibull et K respectivement à une valeur de SCR=0dB.
- Les figures 3.26 et 3.27 représentent les résultats des critères de comparaison, Ipslr et surface de détection en fonction du SCR, obtenus par les trois algorithmes en présence de deux bruits Weibull et K réels et complexes.

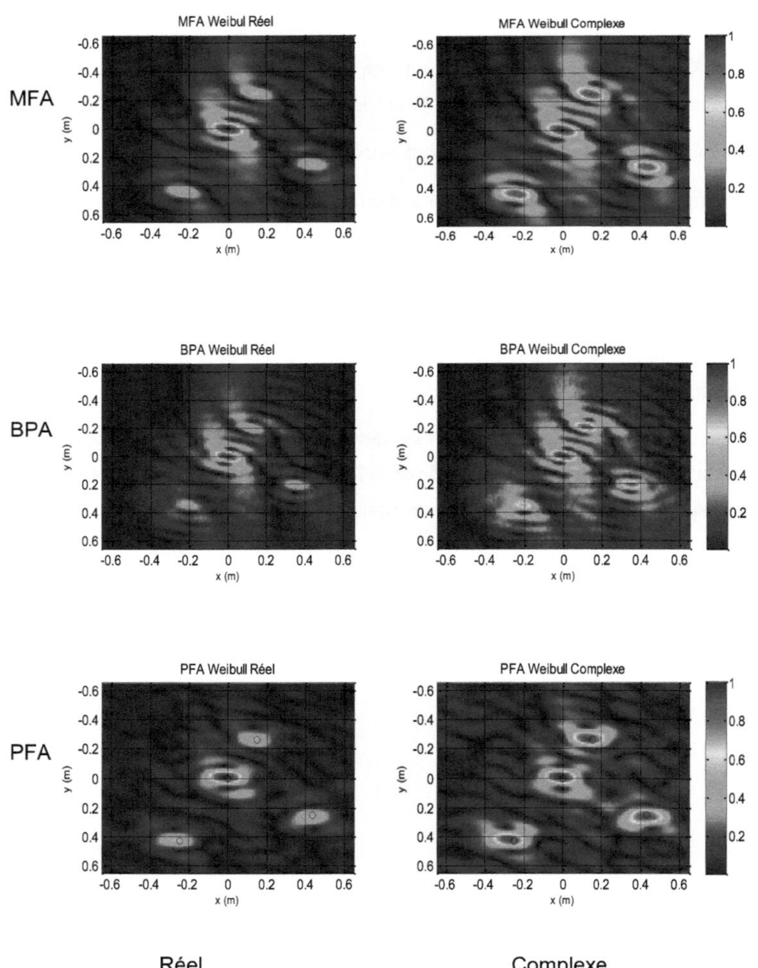

Réel Complexe

Fig. 3.24 Images de la 3ème scène obtenues par les trois algorithmes en présence du bruit Weibull réel et complexe pour un SCR =0 dB

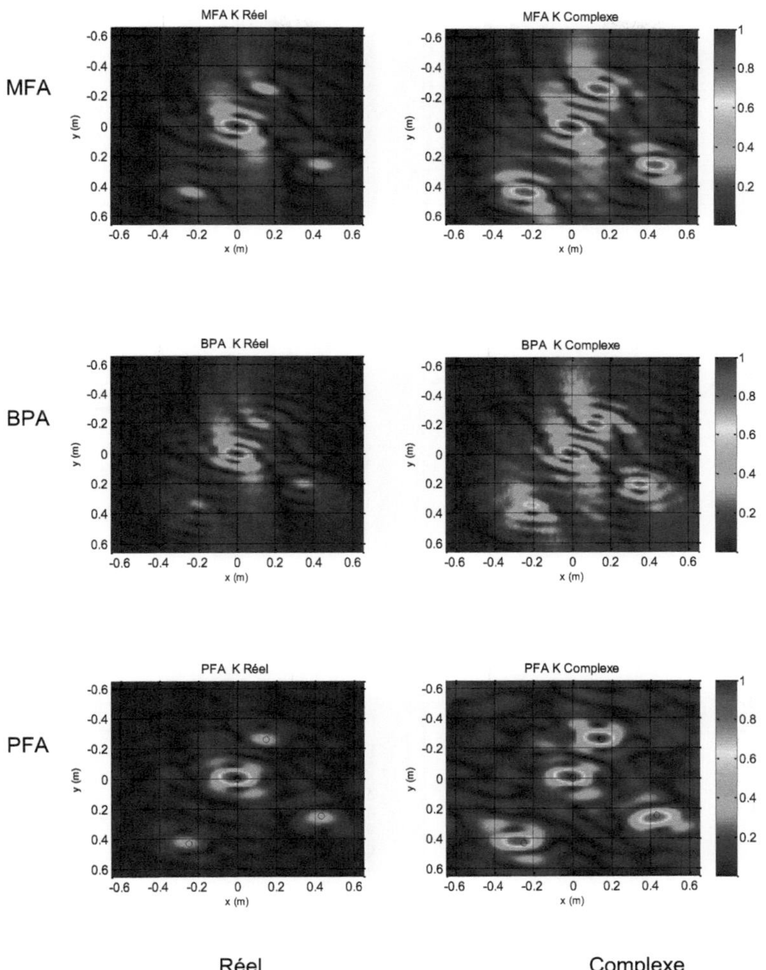

Réel Complexe

Fig. 3.25 Images de la 3ème scène obtenues par les trois algorithmes en présence du bruit K réel puis complexe pour un SCR =0 dB

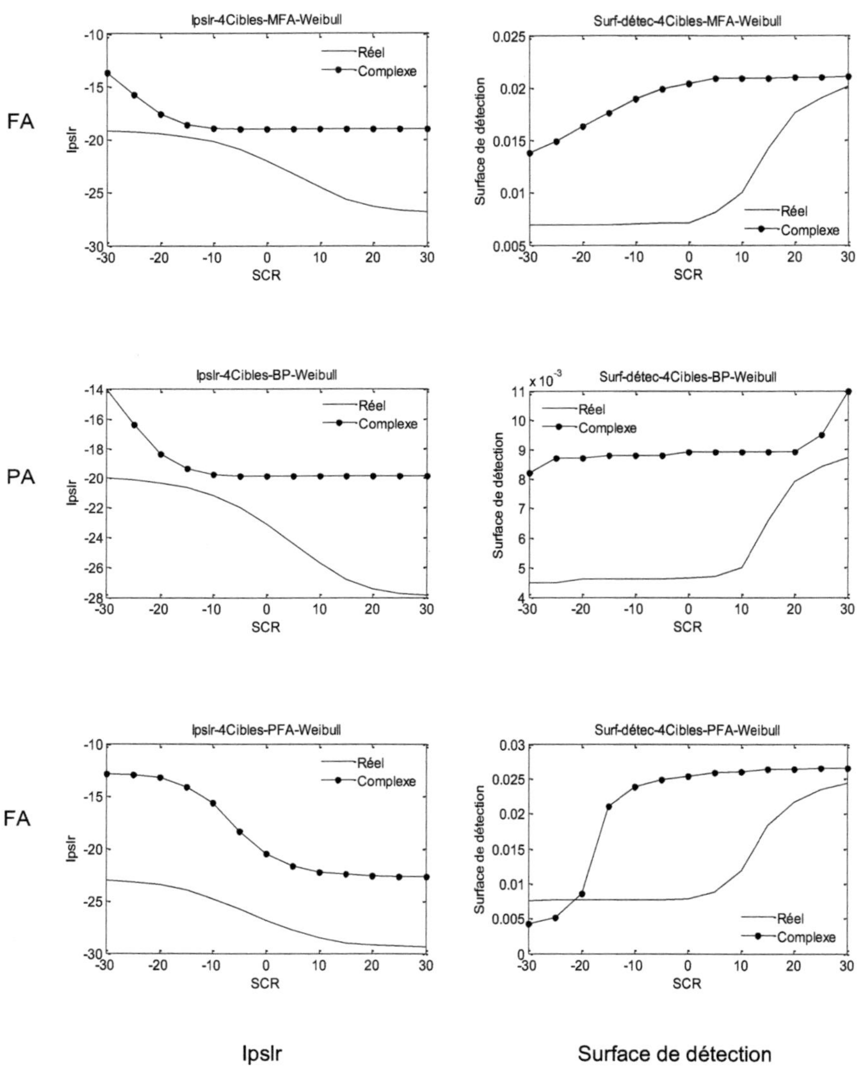

Ipslr Surface de détection

Fig. 3.26 Ipslr et Surface de détection en fonction du SCR de trois algorithmes avec bruits Weibull réel et complexe

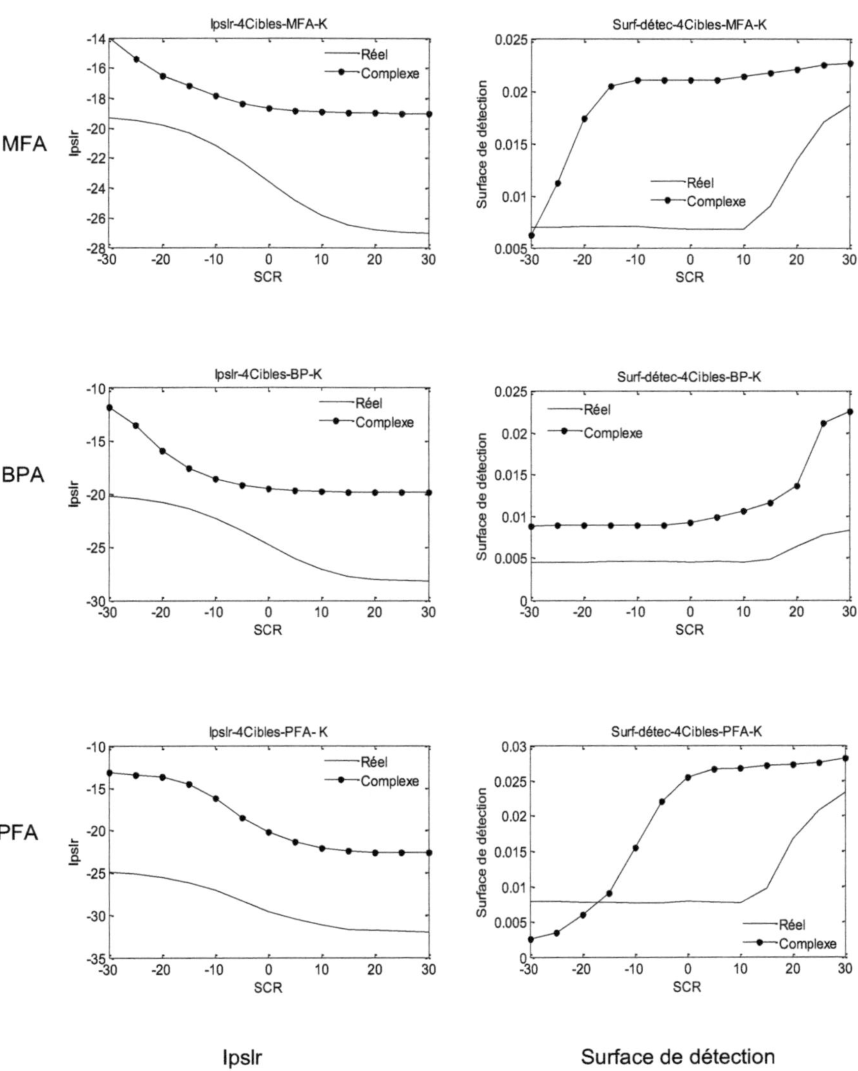

Fig. 3.27 Ipslr et Surface de détection en fonction du SCR de trois algorithmes avec bruits K réel et complexe

Des quatre figures 3.24 à 3.27, nous remarquons que :

- La détection et la résolution (grande surface de détection) sont meilleures pour un bruit complexe qu'un bruit réel et cela quelle que soit la distribution du bruit et quel que soit l'algorithme utilisé.
- Dans les images avec les bruits complexes, nous observons l'apparition intense des lobes secondaires et cela est confirmé par les valeurs de Iprls qui sont plus grandes pour un bruit complexe.
- Donc, nous pouvons conclure que le bruit complexe a le minimum d'influence sur la détection des cibles, la résolution des surfaces des cibles et la netteté des images mais il présente l'apparition des lobes secondaires intenses.

III.6 CONCLUSION

Dans ce chapitre, nous avons présenté la première contribution de notre thèse. Elle concerne la détection SAR bistatique par la formation des images des scènes éclairées par un SAR de type multicapteurs en utilisant trois algorithmes de reconstruction d'images les plus utilisées le MFA, BPA et PFA. Le principe de ces trois algorithmes a été présenté dans la deuxième partie de ce chapitre. La troisième partie de ce chapitre a été consacrée à la présentation du contexte de mesure utilisé. La quatrième partie présente notre simulation pour valider nos modèles. Les résultats de simulation ont été détaillés dans la cinquième partie et concernent les images formées par les trois algorithmes en absence puis en présence de deux types de bruits Weibull et K réels et complexes. Une comparaison entre les trois algorithmes a été présentée.

Les résultats obtenus montrent que les trois algorithmes donnent de bons résultats avec une légère différence. Le MFA est le plus robuste vis-à-vis du bruit et le PFA est le plus performant en ce qui concerne la netteté de l'image et côté coût de reconstitution.

CHAPITRE IV

DÉTECTION RADAR PAR LES FRACTALS

Sommaire

IV.1 INTRODUCTION :

Les fractals ont résolu de nombreux problèmes dans les traitements du signal et d'image. Ils ont été largement utilisés dans la détection radar et de nombreux travaux ont été effectués sur ce sujet. Le travail réalisé dans ce chapitre consiste l'utilisation de la dimension fractale sur deux types de données : données synthétiques et données SAR bistatiques réelles de l'ONERA noyées dans deux types de clutter : Weibullet K. La méthode de comptage des boîtes a été utilisée pour estimer la dimension fractale. Deux détecteurs fractals pour les données synthétiques et réelles, dont leur principe est basé sur cette dimension, ont été proposés et utilisés pour une décision de présence ou d'absence des cibles. En évaluant la probabilité de détection en fonction du rapport signal-sur-clutter, nous démontrons les performances de cette approche. Ce chapitre est structuré en quatre parties comme suit ; Après une introduction, les méthodes les plus utilisées actuellement pour le calcul de la dimension fractale sont examinées dans la deuxième partie. La troisième partie est consacrée pour la présentation de notre algorithme d'estimation de la dimension fractale et les résultats des tests effectués par cet algorithme sur des signaux des mouvements browniens ayant des dimensions fractales connues. Ensuite, nous discutons nos résultats de simulations sur des données synthétiques et réelles en présence de deux types de clutters Weibull et K dans la quatrième partie. Le chapitre se termine par une conclusion.

IV.2 MÉTHODES D'ESTIMATION DE LA DIMENSION FRACTALE

IV.2.1 Introduction

La géométrie fractale, à la différence de la géométrie euclidienne, permet de caractériser des objets conceptuels ou réels, d'une à plusieurs dimensions et dont la structure est fragmentée. Cette géométrie, définit également comme étant une géométrie du fractionnement de la matière, est caractérisée par une dimension fractale qui est une mesure de la complexité de la structure de l'objet considéré et elle permet de quantifier le degré d'irrégularité et de fragmentation d'un ensemble géométrique. Plus la dimension fractale est élevée (Fig. 4.1 (b)), plus la structure observée s'avère irrégulière, inversement une faible dimension fractale caractérise une structure plus régulière (Fig. 4.1(a)) [3,126,127].

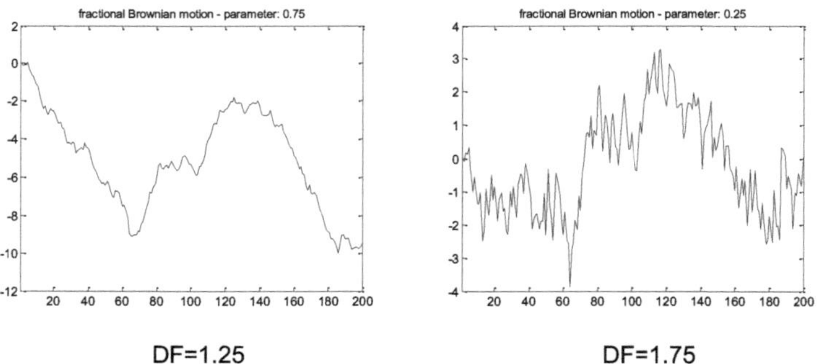

Fig. 4.1 Représentation graphique d'une série de données des mouvements browniens avec deux dimensions fractales

IV.2.2 Notion de dimension topologique et dimension fractale

Pour introduire le concept de la dimension fractale, il est d'abord indispensable de parler de la dimension euclidienne. En géométrie euclidienne, la dimension d'un objet est égale au nombre de paramètres nécessaires pour le décrire. La dimension d'un point est égale à zéro, d'une courbe plane est égale à un, puisqu'un seul paramètre permet de la caractériser. La surface a une dimension euclidienne égale à deux, puisque tout point de cette figure est décrit par deux paramètres (une abscisse et une ordonnée). Le volume a une dimension euclidienne égale à trois [3,6,11,110].

Afin de mesurer une longueur, une surface ou un volume, une méthode employée consiste à recouvrir ces ensembles par des pavés dont la longueur (ou la surface ou le volume) peut, être considéré comme une unité de mesure (Fig. 4.2) [3,6,11,111]. On peut faire donc la mesure d'un l'objet par la formule :

$$DT = N\mu \tag{4.1}$$

où DT est la dimension topologique, μ est l'unité de mesure (longueur, surface ou volume) et N le nombre de pavés nécessaires pour recouvrir l'objet.

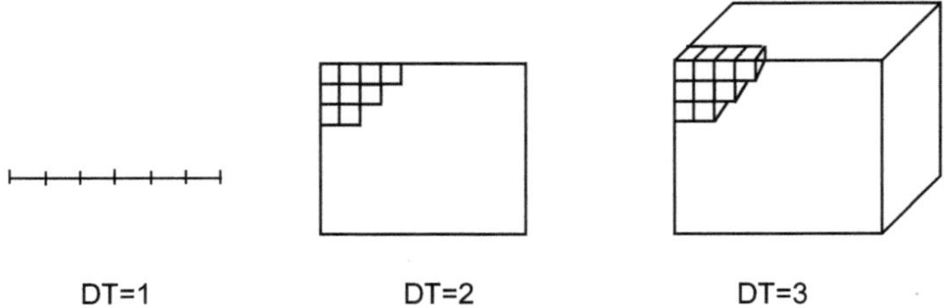

Fig. 4.2 Pavages d'une ligne, d'une surface et d'un volume

Des chercheurs dans le domaine des fractals ont montré qu'ils existent des objets pathologiques pour lesquels la mesure précédente était mise à défaut. Alors, elle doit être remplacée par la mesure de la dimension fractale. Diverses définitions de cette dimension ont été proposées et cela a introduit beaucoup de confusions [3,11,128]. Certaines de ces définitions peuvent cependant s'avérer plus commodes ou plus précises que d'autres pour le calcul, ou plus pointues pour caractériser une propriété physique [11].

L'expression de la grandeur de la dimension fractale (DF) peut être définie de manière rigoureuse. Le raisonnement s'appuie sur une comparaison avec la géométrie euclidienne, elle est comprise entre la dimension topologique et la dimension euclidienne, c'est-à-dire entre DT et DT+1 [11,127]. Alors la dimension fractale est non entière contrairement à la dimension topologique définie plus haut [6,11,105]. Ainsi, pour une ligne, la dimension fractale DF sera comprise entre un et deux, pour une surface entre deux et trois et pour un volume entre trois et quatre. Dans chacun de ces cas, la dimension euclidienne n'est jamais atteinte [3,6,11,110]. L'intérêt de la dimension fractale est alors qu'elle permet de caractériser une ligne ou une image fractale, de lui donner une identité et ainsi de la reconnaître et de la différencier par rapport à d'autres lignes ou images [105].

IV.2.3 Mesure de la dimension fractale

Un fractal est une forme géométrique qui peut être subdivisée en plusieurs parties et dont chacune d'elles est une copie réduite de l'ensemble de la forme initiale [11,104,127]. Prenons une droite, sa dimension euclidienne est DT=1, Si l'on découpe un segment de longueur unité en N segments de longueur 1/K, on obtient un facteur de réduction "r" tel que [3,11,105,127]:

$$r(N) = \frac{1}{K} = \frac{1}{N} \tag{4.2}$$

De même. En découpant un carré, de dimension euclidienne DT = 2, en N carrés de côté 1/K, on obtient N = K^2 parties et "r" sera:

$$r(N) = \frac{1}{K} = \frac{1}{N^{\frac{1}{2}}} \tag{4.3}$$

Pour un cube, DT = 3 alors le calcul du facteur de réduction "r" conduit à :

$$r(N) = \frac{1}{K} = \frac{1}{N^{\frac{1}{3}}} \tag{4.4}$$

Si on généralise cette relation, toute figure qui n'est ni un segment, ni un carré et ni un cube mais qui est telle que le tout est décomposable en N parties qui en sont déduites par l'homothétie de rapport "r", il en découle que :

$$r(N) = \frac{1}{K} = \frac{1}{N^{\frac{1}{DF}}} \tag{4.5}$$

Ce qui donne

$$DF = \frac{Log(Nombredescopies)}{Log(1/Rapportderéduction)} = \frac{log(N)}{log(r)} \quad (4.6)$$

IV.2.4 Méthodes de calcul de la dimension fractale

La dimension fractale est l'un des paramètres les plus importants pour la description d'une courbe fractale. Par conséquent, de nombreux algorithmes ont été développés pour déterminer sa valeur, chacune ayant ses propres bases théoriques. Ces diversités mènent souvent à l'obtention de dimensions différentes par des méthodes distinctes pour un même objet [128]. Ces différences s'expliquent par le fait que dans la majorité des cas, la dimension de Hausdorff Besicovitch (équation 4.6) ne peut être calculée sous cette forme. Les méthodes utilisent alors divers algorithmes pour estimer le paramètre N. Bien qu'ils soient tous différents, un principe de base est toujours respecté, il est résumé en trois étapes suivantes [129]:

- Mesurer les quantités représentées par l'objet en utilisant différentes mesures ;
- Tracer le logarithme des quantités mesurées en fonction du logarithme des tailles ;
- Approximer la DF comme étant la pente de la droite obtenue.

Dans le paragraphe suivant, nous allons rappeler quelques-uns des algorithmes de calcul de la dimension fractale les plus utilisés.

IV.2.4.1 La méthode de déplacement aléatoire du point médian

La méthode de déplacement aléatoire du point médian (RMD Random Midpoint Displacement) consiste à calculer le point médian entre deux points connus, correspondant à la somme de $X(t_0) + X(t_1)$ divisé par 2 (Fig. 4.3 (a)), auxquels on ajoute une composante $d = \Delta^2 \times$ variable aléatoire où Δ est la variance donnée par l'équation 4.7:

$$\Delta_n{}^2 = \frac{\sigma^2}{(2^n)^{2H}}(1 - 2^{2H-2}) \quad (4.7)$$

où H = dimension de Hurst; n = le nombre d'itérations ; σ = écart type initial de la série de données.

Ainsi, à la première génération de calculs (itération), on obtient 3 points, à la deuxième 5 points et ainsi de suite, suivant la formule 2n + 1 (Fig. 4.3 (b)) [11,110]. Cette méthode est utilisée pour simuler le relief d'une montagne [104].

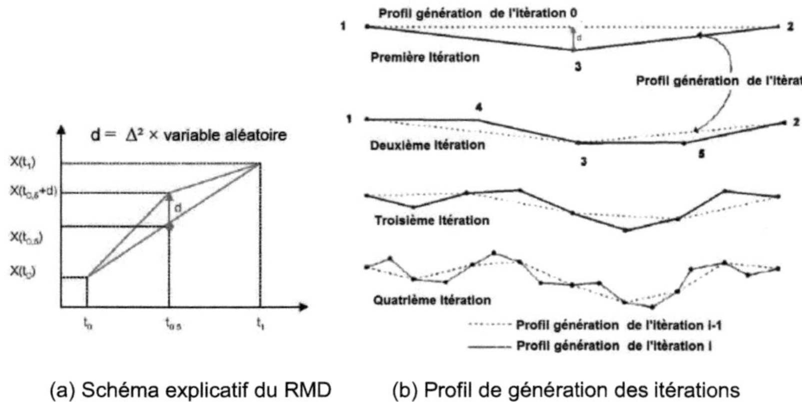

(a) Schéma explicatif du RMD (b) Profil de génération des itérations

Fig. 4.3 Principe de la méthode RMD

IV.2.4.2 La méthode de comptage de boîtes (BoxCounting Algorithm)

La dimension des boîtes est apparue dans les années 1930 mais ses débuts semblent difficiles à retracer. Cependant, la version la plus utilisée de cette définition a été fournie par Pontrjagen et Schnirelman [107]. On la retrouve sous plusieurs noms dans la littérature, ce qui peut parfois semer la confusion. Le nom le plus utilisé est la dimension de Bouligand-Minkowski (Bouligand, 1929, Minkowski, 1901) [128].

L'algorithme de comptage des boîtes est l'algorithme de calcul de la dimension fractale le plus répondu, en raison de la facilité relative avec laquelle elle peut être calculée, la simplicité de mise en œuvre, l'adaptation à l'étude des structures auto-affines et le pouvoir d'être utilisé sur n'importe quel ensemble [3,11].

Cet algorithme, itératif, détermine la distance de Hausdorff de la courbe ou de l'image selon différents pas de segmentation "δ". Il commence par réaliser un pavage uniforme de l'image en carrés d'un pas "δ", puis il compte le nombre de carrés possédant un ou plusieurs pixels, comme le montre la figure 4.4. La même opération est ensuite répétée pour des boîtes de tailles décroissantes en augmente ainsi la définition du pavage [3,4,14,108].

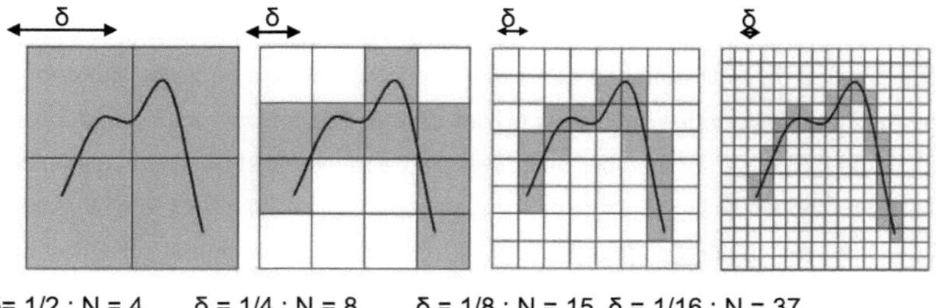

δ= 1/2 ; N = 4 δ = 1/4 ; N = 8 δ = 1/8 ; N = 15 δ = 1/16 ; N = 37

Fig. 4.4 Mesure de la DF d'une courbe par le comptage du nombre de boîtes N en fonction du pas de segmentation δ.

Après avoir calculé différentes coordonnées (log(1/δ), log(N(δ))), l'algorithme opère une régression linéaire sur la courbe, comme le montre la figure 4.5 [3,11,14,110]. Enfin, l'algorithme aborde le calcul de la dimension fractale elle-même par la méthode des moindres carrés, suivant l'équation 4.8 [2,110]:

$$DF = \frac{\sum_{i=1}^{M} \log(\delta_i) \cdot \sum_{i=1}^{M} log(N(\delta_i)) - \sum_{i=1}^{M} \log(\delta_i) \cdot log(N(\delta_i))}{\sum_{i=1}^{M} (log(\delta_i))^2 - (\sum_{i=1}^{M} \log(\delta_i))^2} \tag{4.8}$$

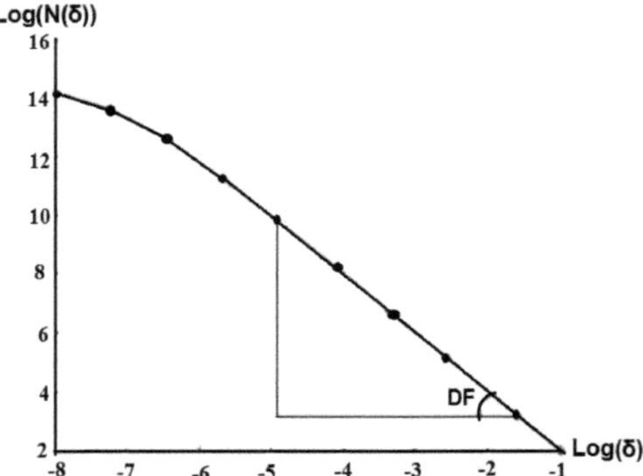

Fig.4.5 Représentation graphique du nombre des boîtes en échelle logarithmique

Remarque : Un inconvénient connu de l'algorithme de Box-Counting est la qualité de la régression linéaire employée. En effet, la courbe des distances de Hausdorff tend à se courber lorsque le pas de la segmentation s'approche de la définition de l'image (comme nous pouvons l'observer dans la figure 4.5). Cette courbure ajoute une certaine erreur lors de la régression [7,110].

IV.2.4.3 La méthode des boules disjointes

Le principe de cette méthode est le même que la méthode de boîte sauf que le recouvrement se fait par des boules et non des carrés. Elle consiste à recouvrir l'objet fractal étudié par un certain nombre de boules (N) de rayon (r), et de tracer l'évolution de log(N) en fonction de log(r). Cette courbe suit une loi quasi linéaire et l'identification de la pente de la droite (pente négative) donne généralement une bonne approximation de la dimension fractale de l'objet considéré [6,11,104,110]. Cette méthode est peu utilisée en pratique car sa mise en œuvre est lourde. En plus, elle est peu précise, car il est rare que l'on obtient un bon alignement pour le diagramme (log(1/r), log(N(r))) [105,110].

Fig. 4.6 Les boules disjointes d'une courbe

IV.2.4.4 La méthode du variogramme

Le variogramme est une fonction de structure d'ordre 2 de mesure de l'autosimilarité entre les points en fonction de leur éloignement (variance), à l'intérieur d'un espace donné. Il se calcule par l'équation suivante [4,5,126]:

$$\gamma(h) = \frac{1}{2N(h)} \sum_{i=1}^{N(h)} [Z(xi) - Z(xi + h)]^2 \tag{4.9}$$

Où h : distance spécifiée entre deux points (lag)

N : nombre de paires de points en fonction de h

Z(x) : valeur du point x

Z(x+h) : valeur du point éloigné de x d'une distance h

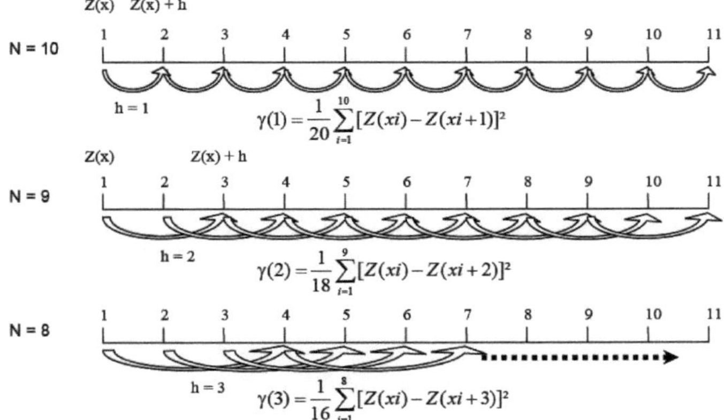

Fig. 4.7 Schéma explicatif du calcul de γ(h)

L'utilisation du variogramme permet d'obtenir une estimation de la dimension fractale DF (équation 4.10) par le calcul de la pente "m" à l'origine des données du variogramme transformées en log-log (Fig. 4.8) [126,127]. Cependant, le choix du nombre de points (lags) sur le variogramme expérimental pourrait avoir une influence non négligeable sur le calcul de cette pente et donc sur sa fiabilité à estimer la dimension fractale [4,126].

$$DF = \frac{4-m}{2} \tag{4.10}$$

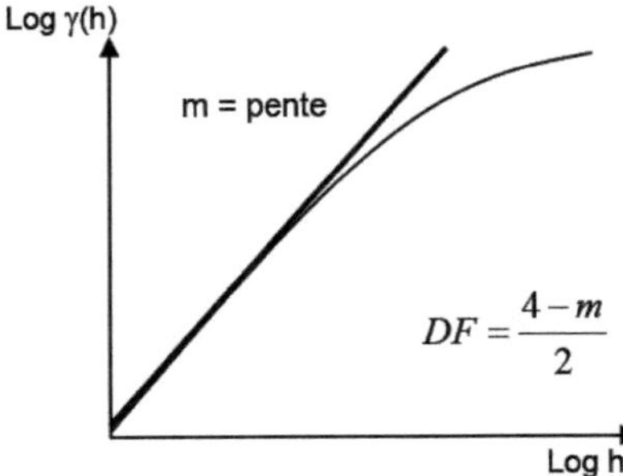

Fig. 4.8 Représentation graphique du variogramme en échelle logarithmique

IV.2.4.5 La méthode du spectre de puissance

La méthode du spectre de puissance est basée sur la transformée de Fourier. Le spectre de puissance de Z est calculé par l'équation suivante [4,110,130] :

$$P_z(f) = \lim_{T\to\infty} \frac{1}{T} \left| \int_0^T e^{-i2\pi f x} z(x)\, dx \right|^2 \quad (4.11)$$

Il arrive que l'ordre de décroissance de "P_z" lorsque "f" tend vers l'infini soit en relation directe avec la valeur de la dimension fractale du graphe, en particulier lorsque "z" est muni d'une structure d'affinité interne, elle vérifie, pour tout "x", la relation [130]:

$$z(bx) = b^H z(x) \quad (4.12)$$

où b et H sont deux paramètres réels caractéristiques de z, b>1, 0<H<1.
Dans le cas où *Pz* est continue, l'équation (4.11) peut se mettre sous la forme suivante :

$$P_z(bf) = b^{-2H-1} P_z(f) \quad (4.13)$$

Cette équation indique que *Pz* tend vers 0 lorsque *f* tend vers l'infini, selon une convergence dominée par $1/f^m$, où $m = 2H + 1$ [130]. En portant une droite des moindres carrés sur l'ensemble des points des différents spectres du plan des coordonnées (log(*f*), log (*Pz*(*f*))), on évalue la pente α, d'où les dimensions fractales d'une courbe et d'une image sont respectivement [6,7,8,110,130]:

$$DF = (3 - m)/2 \quad (4.14)$$

$$DF = (5 - m)/2 \quad (4.15)$$

La méthode du spectre de puissance est idéale pour l'analyse des surfaces auto-affines, ainsi que pour la simulation de surfaces fractales. Malheureusement, elle est très coûteuse en temps de traitement et elle est efficace uniquement pour des surfaces isotropiques. En plus, le diagramme log-log présent souvent un mauvais alignement, rendant imprécise l'évaluation de α et elle exige que la fonction z soit définie sur [0, +∞[, ou du moins sur un intervalle de grande longueur [110,128].

IV.3 SIMULATION

IV.3.1 Algorithme

Comme nous avons vu, il existe différents algorithmes de calcul de la dimension fractale. Notre choix s'est porté sur la méthode de comptage des boîtes, car elle est la plus utilisée sur n'importe quel objet mathématique et elle a l'avantage d'être relativement efficace. De plus, cette méthode offre le grand avantage de se prêter à des calculs simples et rapides.

L'idée de base de la méthode de comptage des boîtes est le calcul du nombre de boîtes, de dimension δ, nécessaires pour couvrir un graphe sur un intervalle puis l'opération de comptage se réitère pour différentes valeurs de δ.

La procédure d'estimation de la méthode de comptage des boîtes contient les étapes suivantes [3,4,14,108] (Fig. 4.10):

Étape 1 : Choisir une série de données de longueur N et la normaliser dans les axes de l'amplitude et du temps (Fig. 4.10 (a)). Dans l'axe du temps, une unité est égale à N ;

Étape 2 : Choisir un ensemble de dimensions de la boîte$\{\varepsilon_m = \delta_m N, m = 1,2, \ldots . M\}$, tels que δ_m tend vers zéro, ce qui signifie que le rapport $log(\delta_{m-1})/log(\delta_m)$, tend vers l'unité ;

Étape 3 : Couvrir tout le graphe de la fonction F par des boîtes de hauteur et de largeur δ_m ;

Étape 4 : Compter le nombre de boîtes N_δ (F) nécessaire pour couvrir l'ensemble de la séquence pour chaque δ_m ;

Étape 5 : Répéter les étapes 3 et 4 pour toutes les δ_m ;

Étape 6 : Dessiner le graphe $\log(N_{\delta m}(F))$ en fonction de $-\log(\delta_m)$ (Fig.4.10 (b)), si la séquence du temps a une géométrie fractale la ligne serait droite est sa pente calculée par la méthode du moindre carré représente la dimension fractale.

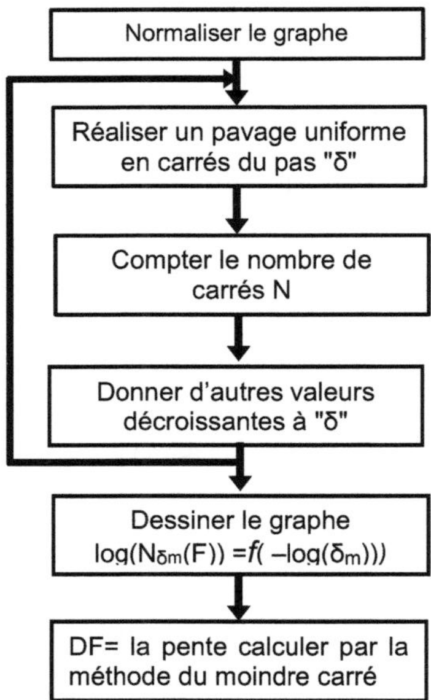

Fig. 4.9 Organigramme de l'algorithme de comptage des boîtes

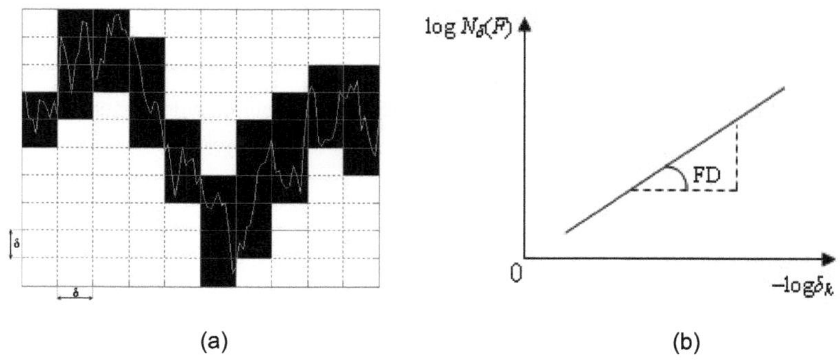

(a) (b)

Fig. 4.10 Algorithme de comptage de boîtes pour d'estimation de la dimension fractale

(a) Série de temps de longueur N normalisée en unités carrées

(b) Logarithme du nombre des échantillons en fonction de logarithme du pas de segmentation

IV.3.2 Tests et analyses

Afin de vérifier la fiabilité de l'algorithme, de calcul de la dimension fractale, réalisé et de l'utiliser pour la détection radar et SAR, nous avons réalisé des tests sur plusieurs signaux des mouvements browniens avec un nombre de points M variable et pour plusieurs valeurs de la dimension fractale. Ces signaux, des mouvements browniens, se trouvent dans la bibliothèque de l'environnement Matlab avec des dimensions fractales fixes. L'expérience consiste à estimer la dimension fractale par l'algorithme réalisé et de déterminer combien des points, de ces signaux, sont nécessaires pour trouver une estimation assez précise de cette dimension.

Alors, nous avons pris des signaux de mouvements browniens dont leurs dimensions fractales sont déjà connues et calculé leurs dimensions fractales en utilisant l'algorithme pour différents nombres d'échantillons M. Le test a été réalisé sur plusieurs signaux et avec plusieurs valeurs du nombre des points M et chaque simulation a été réitérée 1000 fois et la moyenne de ces 1000 itérations donne la dimension fractale.

La figure 4.11 représente les dimensions fractales estimées pour trois valeurs différentes des dimensions fractales des mouvements browniens, 1.25, 1.5 et 1.8, en fonction du nombre des échantillons M.

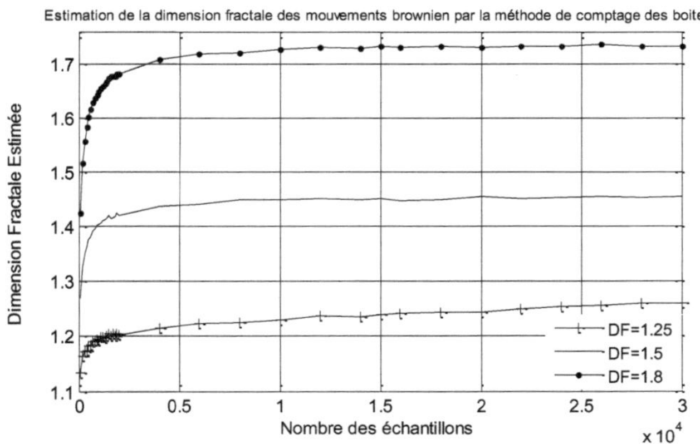

Fig. 4.11 Représentation graphique de la dimension fractale en fonction du nombre des échantillons

D'après les résultats trouvés, nous remarquons que :

- La différence entre la dimension fractale estimée et la dimension fractale réelle est au maximum de 3.58 %. Donc, les résultats estimés et théoriques sont comparables, ce qui démontre l'exactitude de l'algorithme, de calcul de la dimension fractale, que nous avons réalisé par la méthode de comptage des boîtes.
- Pour les séries générées avec une DF = 1,8, l'estimation apparaît moins précise que celles de DF = 1,25, cela étant essentiellement dû à la structure irrégulière de la série pour cette DF. Alors les estimations réalisées sur les séries des DF petites sont particulièrement plus fiables.
- En effet, l'algorithme BoxCounting nécessite une quantité minimale d'information pour le calcul de la dimension fractale. En ce qui concerne le nombre de points de la série à analyser, nous avons pu mettre en évidence que plus la série de données était importante, plus l'estimation est fiable et lorsque le nombre de points de données atteint 8000 points, l'estimation devienne stable et la dimension fractale estimée converge vers une valeur fixe. Ainsi, nous devons choisir le nombre des échantillons supérieur à 8000 pour donner un résultat précis et en même temps, pas si grand pour que le temps de calcul ne devient pas excessivement long.

Les résultats obtenus par notre logiciel semblent cohérents, nous pouvons conclure alors que l'algorithme que nous avons réalisé est efficace et réalise bien le travail demandé.

IV.4 RÉSULTATS ET DISCUSSIONS

IV.4.1 Introduction

Après avoir prouvé la fiabilité de notre algorithme de calcul de la dimension fractale par la méthode de comptage des boîtes, nous l'avons utilisé pour la détection des signaux radar et SAR. Pour cela, nous avons fait plusieurs simulations. Nos simulations ont été divisées en deux parties, la première concerne l'application de notre méthode sur des signaux de données synthétiques générées par l'outil Matlab et la deuxième sur des signaux des images SAR bistatiques réels de l'ONERA décrites dans le troisième chapitre.

Pour effectuer toutes nos simulations et générer la base de données synthétique, nous avons utilisé l'outil Matlab.

IV.4.2 Données synthétiques

IV.4.2.1 La structure fractale des clutters

Avant d'utiliser l'algorithme pour la détection radar, nous avons calculé les dimensions fractales des clutters Weibull et K pour différents paramètres de forme afin de vérifier la nature fractale des signaux des clutters. Nous avons utilisé l'outil Matlab pour générer ces deux clutters avec les paramètres de forme b= 1, 1.5 et 3 pour le clutter Weibull et ν= -0.5, 1 et 10 pour le clutter K (voir chapitre 3, équations 3.48 et 3.49). Le paramètre d'échelle est donné en fonction du paramètre de forme afin d'assurer une puissance du clutter égale à un (voir chapitre 3, équations 3.50 et 3.51). Le nombre des échantillons utilisé a été fixé à 15000 points, afin de trouver une bonne estimation de la dimension fractale. Les simulations pour le calcul de la dimension fractale ont été itérées, 10^6 fois. Les résultats de ces simulations sont présentés sous forme de figures du nombre des boîtes en fonction du pas de segmentation en échelle logarithmique et sous forme numérique (présentés dans les figures) par le calcul de la pente de ces figures par la méthode des moindres carrés pour donner les valeurs de la dimension fractale.

La figure 4.12 donne le logarithme du nombre des boîtes calculé ($\log(N_\delta(F))$) en fonction du logarithme du pas de segmentation ($-\log(\delta)$) pour les clutters Weibull et K pour différentes valeurs du paramètre de forme.

Nous voyons que ces figures sont des droites, ce qui montre que les clutters Weibull et K ont une géométrie fractale et leurs dimensions fractales augmentent avec l'augmentation des paramètres de forme et ceci correspond à la théorie que la dimension fractale augmente avec le remplissage de la figure.

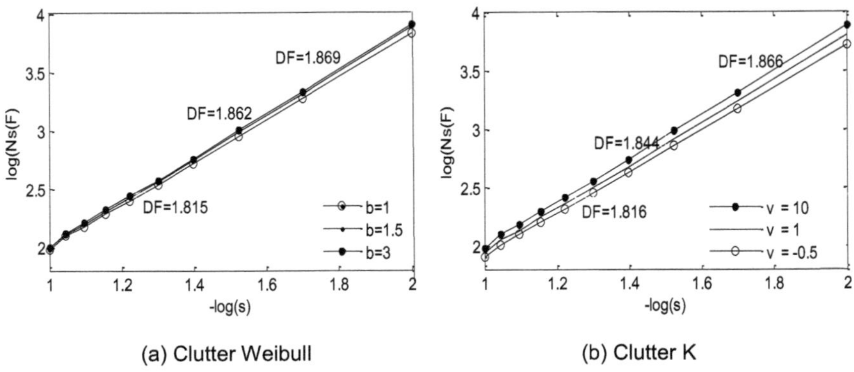

(a) Clutter Weibull (b) Clutter K

Fig. 4.12 Représentation du logarithme du nombre des boîtes N en fonction du logarithme du pas δ des clutters Weibull est K

IV.4.2.2 La dimension fractale pour la distinction entre cible et clutter

Après avoir montré que le clutter a une géométrie fractale alors on s'attend a ce que le signal cible synthétique ait aussi une géométrie fractale. Donc, nous avons calculé la dimension fractale du signal cible de distribution Rayleigh (r=1) et comparé aux dimensions fractales de deux clutters Weibull (b=1) et K (ν=-0.5). Les résultats sont présentés dans la figure 4.13.

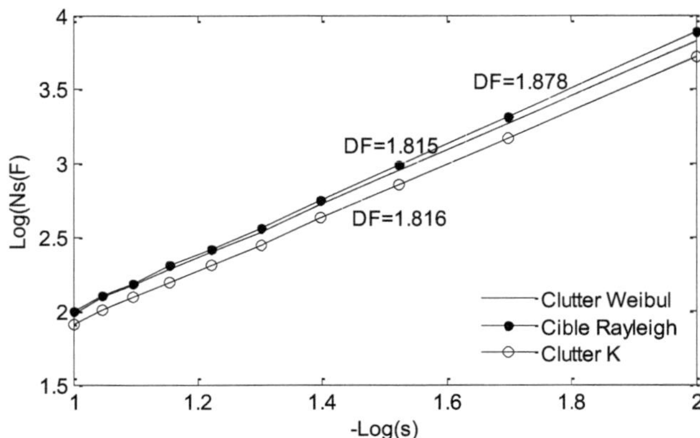

Fig. 4.13 Représentation du logarithme du nombre des boîtes N en fonction du logarithme du pas δ de la cible et des clutters K et Weibull

De cette figure, nous remarquons que :

- Les dimensions fractales du clutter et de la cible sont différentes. Cela prouve que la dimension fractale peut être utilisée pour la détection des cibles.
- La dimension fractale du signal cible est supérieure à celle du clutter. Ces résultats nous ont parmi de proposer un détecteur fractal pour les signaux radar synthétiques, qui sera décrit dans le paragraphe suivant, afin de l'utiliser pour la détection radar.

IV.4.2.3 Détecteur fractal pour les signaux radar synthétiques

D'après les résultats précédents, nous avons conclu que nous pouvons distinguer entre la cible et le clutter par leurs dimensions fractales. Ces résultats nous ont donné la possibilité d'utiliser la dimension fractale pour la détection des signaux radar. Pour ce faire, nous avons proposé un détecteur fractal présenté dans la figure 4.14. Le principe de ce détecteur est la comparaison de la dimension fractale, des signaux radar bruités, à un certain seuil, et comme nous avons trouvé que la DF de la cible est supérieur à celle du bruit alors si la DF est supérieur à ce seuil on décide qu'il y a cible sinon les signaux détectés se composent juste du bruit (clutter). Le seuil est choisi en fonction de la probabilité de fausse alarme.

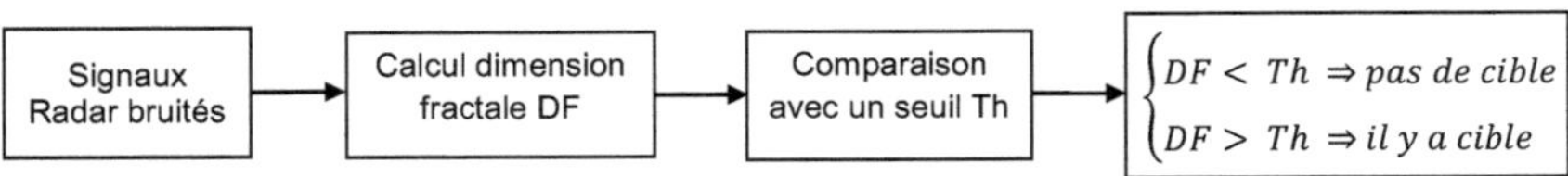

Fig. 4.14 Détecteur fractal pour les signaux synthétiques

IV.4.2.4 Détection radar par la dimension fractale

L'efficacité de notre algorithme d'estimation de la dimension fractale doit être établie en évaluant la probabilité de détection, sur des signaux ciblés en présence du bruit (clutter) pour différentes valeurs du rapport signal-sur-clutter SCR. Dans cette optique, nous avons réalisé une série de tests, dans lesquels, nous avons évalué les performances du détecteur fractal. Alors, dans la présente partie, nous allons utiliser l'algorithme de comptage de boîte pour le calcul de la dimension fractale appliqués le détecteur de la figure 4.14 pour le calcul de la probabilité de détection. Les hypothèses que nous avons considérées dans cette partie sont les suivantes :

- Le nombre des échantillons utilisé pour le calcul de la dimension fractale est 10000 points et le pas δ a été changé de 0.1 à 0.01 ce qui corresponde de 100 à 10 ^{4} boîtes, qui est un nombre très suffisant pour couvrir tout le graphe.
- Les modèles des signaux de la cible et des clutters utilisés pour les simulations dans cette partie sont employés pour simuler le détecteur fractal, la cible suit une loi de probabilité de distribution Rayleigh et les deux types des clutters suivent des lois des probabilités Weibullet K.
- La formule utilisée du signal ciblé bruité est donnée par l'équation 4.15

$$S = \sqrt{\left|\overrightarrow{cible}\right|^2 + \left|\overrightarrow{clutter}\right|^2 + 2\left|\overrightarrow{cible}\right|\left|\overrightarrow{clutter}\right| \cos\varphi} \tag{4.15}$$

Avec : $\left|\overrightarrow{cible}\right|$et $\left|\overrightarrow{clutter}\right|$: sont des variables aléatoires des distributions Rayleigh et Weibull (ouK) respectivement.

- La phase φ est une variable aléatoire qui suit une loi uniforme dans l'intervalle [0,2π].
- La méthode de Monte Carlo est utilisée 10^6 fois pour le calcul de la probabilité de fausse alarme (Pfa) et 10^4 fois pour le calcul de la probabilité de détection (Pd).
- Le seuil est calculé sur les signaux du clutter pour avoir une Pfa =10^{-4}, ensuite nous calculons la probabilité détection pour avoir une dimension fractale du signal plus clutter supérieur au seuil calculé.
- La probabilité de détection est calculée pour plusieurs valeurs du rapport signal-clutter ;
- Le rapport de la puissance du signal sur la puissance du clutter SCR, défini par l'équation 4.16, varie de 0 à 40dB:

$$SCR = 10log10\left(\frac{Puissance\ du\ signal\ cible}{Puissance\ du\ clutter}\right) = 10\ log10\left(\frac{E[(Signal\ \ cible)^2]}{E[(Clutter)^2]}\right) \tag{4.16}$$

- La puissance du clutter est prise égale à l'unité pour faciliter le calcul et celle du signal ciblevarie pour donner les valeurs de SCR voulues. Pour avoir cette puissance toujours égale à l'unité, le paramètre d'échelle de chaque distribution est calculé en fonction du paramètre de forme (voir chapitre 3, équations (3.50) et (3.51)).
- Les résultats ont été comparés avec ceux du détecteur CA-CFAR avec un nombre de cellules égal à 17.

a) Probabilité de détection dans des environnements Weibull et K

Après avoir fait plusieurs tests pour les deux types de clutter avec plusieurs valeurs du paramètre de forme, nous allons présenter quelques résultats de ces simulations. Les figures 4.15 (a) et (b) présentent les performances de notre détecteur fractal, à travers la probabilité de détection (Pd) en fonction de SCR dans un environnement Weibull de paramètre de forme b=1, 1.5 et 3 et K de paramètre de forme ν= -0.5, 1 et 10 respectivement.

De ces figures, nous pouvons observer que :

- Le détecteur fractal des signaux radar synthétique donne une meilleure probabilité de détection que le détecteur CA-CFAR et en particulier pour les petites valeurs du SCR.
- Malgré la dégradation des performances du détecteur fractal pour les signaux synthétiques par rapport au détecteur CA-CFAR pour des valeurs élevées du paramètre de forme "ν" du clutter K, ses performances restent satisfaisantes.

b) Effets du paramètre de forme sur la détection

Pour terminer cette partie des résultats, nous avons étudié l'effet du changement du paramètre de forme de deux clutters Weibull et K sur les performances de notre détecteur fractal. Les figures 4.16 (a) et (b) présentent les variations de la probabilité de détection en fonction du SCR pour différentes valeurs des paramètres de forme "b" pour le clutter Weibull et "ν" pour le clutter K.

De ces résultats, nous remarquons que la détection dépend fortement du paramètre de forme, elle se dégrade considérablement quand sa valeur augmente pour les deux types de clutter.

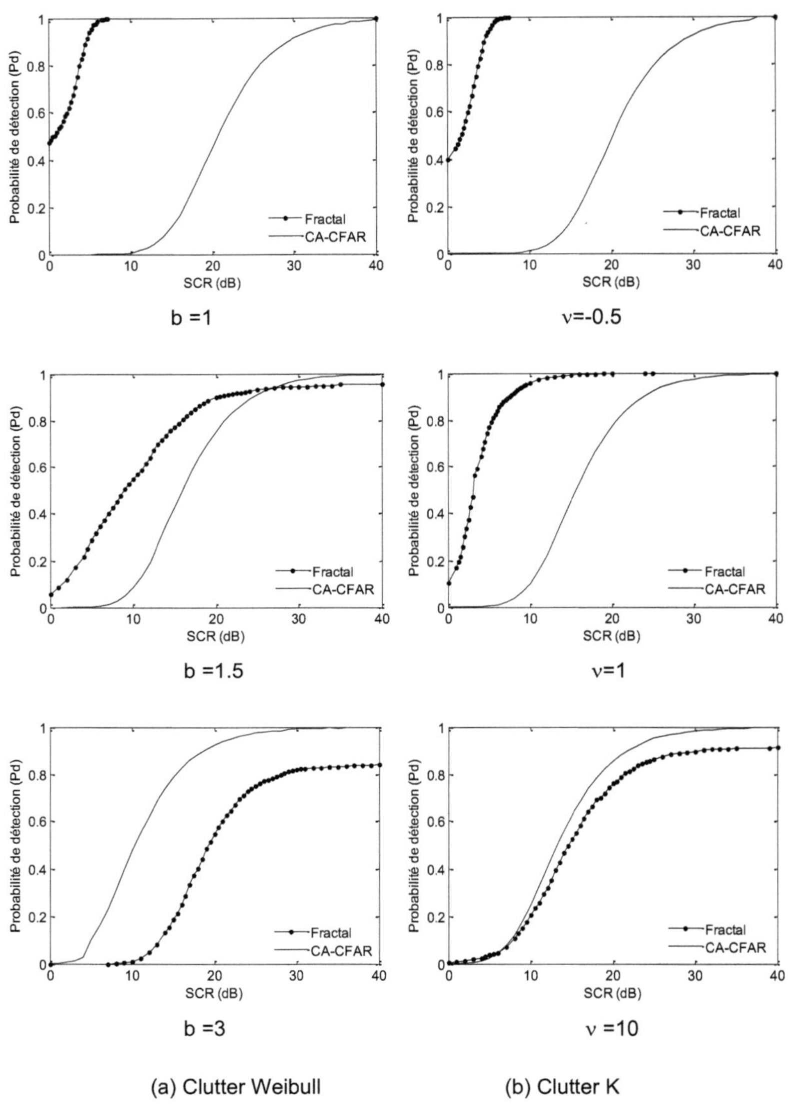

Fig. 4.15 Probabilité de détection en fonction du SCR des détecteurs fractal et CA-CFAR, mélangés avec clutter Weibull et K pour différentes valeurs de "b" et "ν"

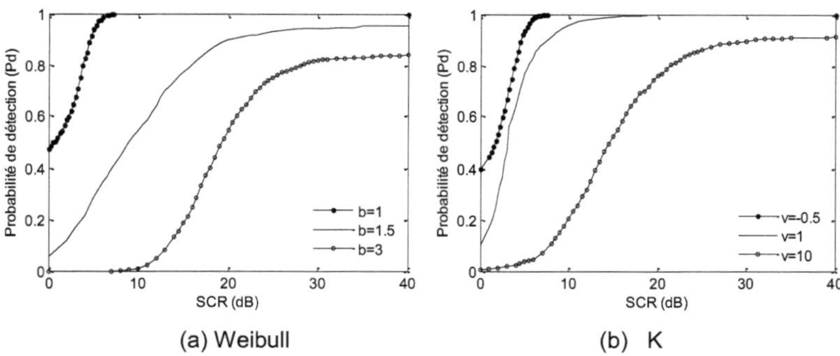

(a) Weibull (b) K

Fig. 4.16 Probabilité de détection en fonction du SCR dans un environnement Weibull et K pour différentes valeurs du paramètre de forme

IV.4.3 Données réels

Il est connu que l'irrégularité de la cible est inférieure que celle du clutter, alors la dimension fractale du clutter est supérieure à celle de la cible. Donc d'après les résultats du paragraphe précédent, la cible synthétique ne peut être utilisée comme une vraie cible. Alors, il nous a fallu utiliser des signaux réels avec des vraies cibles. Dans cette partie, nous présenterons les résultats de la détection radar sur des signaux SAR bistatiques réels présentés dans le troisième chapitre.

IV.4.3.1 Distinction entre cibles et clutter par la dimension fractale

Dans ce paragraphe, nous allons confirmer l'hypothèse donnée ci-dessus. Pour se faire, une estimation de la dimension fractale est réalisée sur plusieurs séries de données des signaux SAR ciblés sans bruit (1 cible, 2 cibles et 4 cibles) puis avec l'ajout de deux types de clutter Weibull (b=1) et K (ν=1). Les valeurs des dimensions fractales de ces signaux et des signaux des cible plus clutter (Weibull ou K) avec deux valeurs du rapport signal-clutter SCR sont données dans le tableau 4.1.

Tab. 4.1 Valeurs des dimensions fractales pour différents signaux

	1 Cible	2 Cibles	4 Cibles	Clutter Weibull (b=1)	Clutter K (ν=1)
DF	1.1002	1.6763	1.7128	1.8284	1.8541

(a) Signal sans bruit et bruit seul

	1 Cible + Clutter Weibull	2 Cibles + Clutter Weibull	4 Cibles + Clutter Weibull	1 Cible + Clutter K	2 Cibles + Clutter K	4 Cibles + Clutter K
DF à 5 dB	1.8329	1.8315	1.8365	1.8605	1.8556	1.8561
DF à 20 dB	1.7613	1.7666	1.7706	1.7811	1.7620	1.7683

(b) Signal avec bruit

Du tableau, nous observons :

- En appliquant la méthode des moindres carrés, les dimensions fractales sont estimées à 1.1002, 1.6763 et 1.7128 pour un signal sans bruit avec une cible, deux cibles et quatre cibles, respectivement et 1.8284 et 1.8541 pour les clutters Weibull et K respectivement. Donc, les dimensions fractales des signaux cibles et celles des clutters sont très différentes ce qui prouve là aussi que la dimension fractale peut être utilisée pour la détection des cibles.
- La dimension fractale de la cible est inférieure à celle du clutter et cela quel que soit le nombre de cibles présentes dans la scène éclairée et quel que soit le type du clutter.
- Avec l'ajout du bruit aux signaux ciblés, la dimension fractale diminue avec l'augmentation du SCR pour les trois scènes et pour les deux types de clutter, alors la présence d'une cible change la dimension fractale. Par conséquent, il est possible de déterminer si le signal est composé uniquement du clutter ou s'il est composé du clutter et du retour des cibles.

Une conclusion peut être tirée, est que la théorie fractale peut être utilisée pour la détection des cibles sur des signaux SAR.

IV.4.3.2 Détecteur fractal pour des signaux SAR réels

D'après les résultats précédents, nous avons conclu que nous pouvons distinguer entre la cible et le clutter par leurs dimensions fractales. En se basant sur ces résultats, nous avons proposé un détecteur fractal unidimensionnel pour des données SAR bistatiques bidimensionnelles, illustré à la figure 4.17.

Le principe de ce détecteur est décrit comme suit : les données SAR bistatiques bruitées, sont décomposées en des sous-données d'image, afin de minimiser le nombre des échantillons dans le but de minimiser le temps de calcul. Ensuite, l'algorithme de calcul de la dimension fractale est appliqué pour chaque sous-données, en prenant les données des images SAR bistatique comme signaux unidimensionnels. Puis, pour chaque sous-données, cette dimension fractale calculée, sera comparée à un certain seuil (choisi en fonction de la probabilité de fausse alarme), et selon le résultat du paragraphe précédent qui montre que la dimension fractale de la cible est inférieure à celle du clutter, alors une cible est censée être présente si cette dimension est inférieure ou égale à ce seuil.

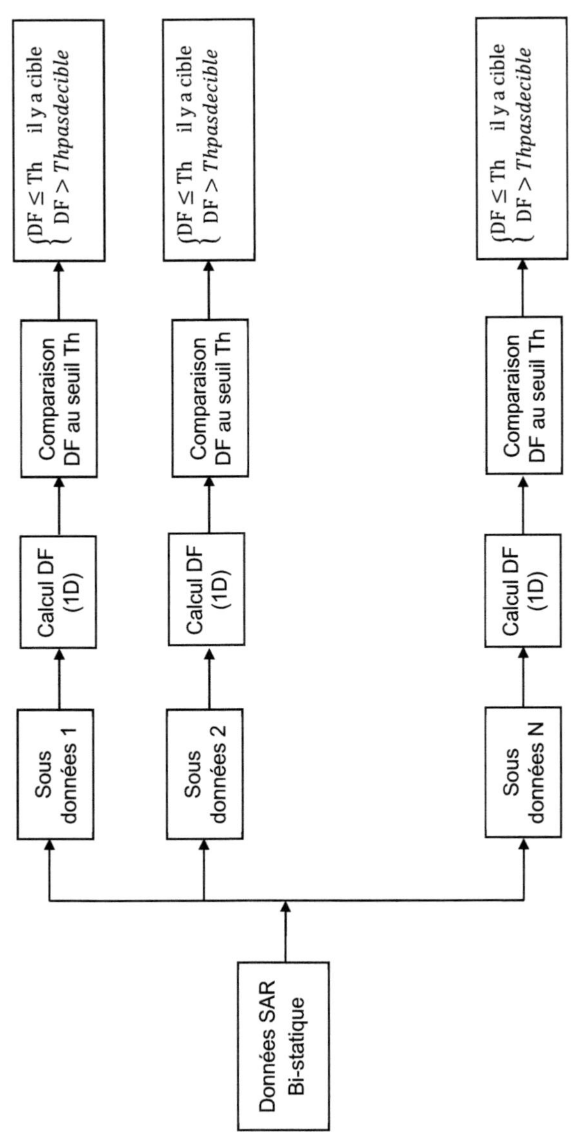

Fig. 4.17 Détecteur fractal pour les signaux SAR bi-statiques

IV.4.3.3 Détection radar pour des données SAR bistatiques

Les performances du détecteur des données SAR bistatiques de la figure 4.17 ont été analysées par l'évaluation de la probabilité de détection sur des données d'images SAR bistatiques mélangées avec deux types de clutter (Weibull et K) pour différentes valeurs du paramètre de forme et différentes valeurs du SCR au moyen de la simulation de Monte Carlo. Pour cela, nous avons réalisé des séries de tests dans lesquels nous avons utilisé l'algorithme de comptage de boîte pour le calcul de la dimension fractale et nous avons appliqué le détecteur fractal des données SAR bistatiques de la figure 4.17 pour le calcul de la probabilité de détection. Les hypothèses que nous avons considérées dans cette partie sont les suivantes :

- Les signaux ciblés utilisés sont les données SAR bistatiques présentées dans le troixième chapitre. Les trois scènes qui contiennent une cible, deux cibles et quatre cibles sont utilisées.
- Le nombre d'échantillons utilisé pour le calcul de la dimension fractale est en fonction des tailles des sous-données. Trois tailles différentes sont utilisées: 30000 échantillons, ce qui correspond à la taille totale de l'image, puis 15000 échantillons pour deux sous-données et enfin 10000 points pour trois sous-données.
- Les modèles des clutters sont générés par Matlab puis ajoutés aux signaux SAR de trois scènes.
- Les clutters utilisés sont complexes, leurs amplitudes suivent des lois de probabilité de type Weibull et K et leur phase est une variable aléatoire qui suit une loi uniforme dans l'intervalle $[0,2\pi]$.
- La méthode de Monte Carlo est utilisée avec un nombre 10^6 fois pour le calcul de la probabilité de fausse alarme (Pfa) et 10^4 fois pour le calcul de la probabilité de détection (Pd).
- La valeur du seuil est sélectionnée de telle sorte que la probabilité de fausse alarme soit maintenue constante à $Pfa=10^{-4}$, ensuite nous calculons la probabilité détection pour avoir une dimension fractale du signal plus clutter inférieure au seuil calculé en faisant changer le SCR de 0 à 30dB.
- Les seuils sont calculés pour chaque type de clutter et chaque valeur du paramètre de forme.

- Les paramètres de forme utilisés sont : b=1, 1.5 et 3 pour le clutter Weibull et ν=-0.5, 1 et 10 pour le clutter K.
- La puissance du clutter est prise égale à l'unité pour faciliter le calcul et celle du signal cible se change pour donner les valeurs de SCR voulues.

a) Probabilité de détection pour différentes scènes

Comme mentionné dans le chapitre trois, nous avons trois scènes, la première scène contient une seule cible la deuxième deux cibles et la troisième quatre cibles. Pour nos simulations, nous avons transformé les données des images de ces trois scènes en des signaux à une dimension puis nous les avons appliqués à notre détecteur fractal de la figure 4.17. Nous avons calculé la probabilité de détection pour que la dimension fractale de ces signaux soit inférieure au seuil qui maintient la probabilité de fausse alarme constante à 10^{-4}. Le résultat de la variation de Pd en fonction du SCR, pour les signaux des trois scènes noyés dans un clutter K avec une valeur du paramètre de forme ν=1, est présenté dans la figure 4.18.

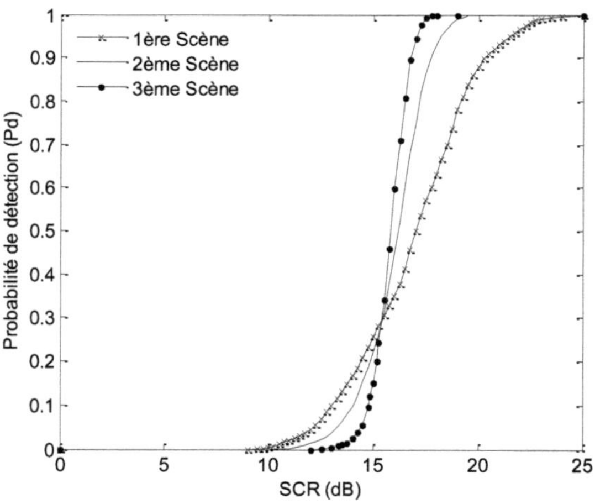

Fig. 4.18 Probabilité de détection en fonction de SCR des trois scènes dans un environnement K (ν=1)

De cette figure, nous observons qu'avec notre méthode, on arrive à des Pd élevées même pour des SCR faibles et cela quel que soit le nombre des cibles dans la scène éclairée.

En faisant une comparaison entre les trois scènes, nous voyons que pour la 3ème scène, qui contient quatre cibles, la détection est meilleure pour les SCR élevés et celle de la 1ère scène pour les faibles SCR et cela peut être expliqué par le fait que les images de la 3ème scène, pour les faibles SCR, contiennent des lobes qui entourent les cibles. Ces lobes augmentent la surface indésirable qui fait augmenter à son tour la dimension fractale et donc diminuer la probabilité de détection. Cependant, pour des SCR élevés, ces lobes parasites diminuent et la détection s'améliore.

b) Effet du nombre des sous images sur la détection

Dans ce paragraphe, nous avons fait plusieurs simulations sur les images SAR complètes puis ces images divisées en deux sous-images ensuite en trois sous-images. La division a été faite horizontalement puis chaque sous-image a été transformée en un signal à une dimension. Ensuite, nous avons appliqué notre algorithme sur les signaux des trois scènes. La figure 4.19 présente les résultats trouvés des signaux, de la troisième scène noyés dans le clutter K avec le paramètre de forme ν=1.

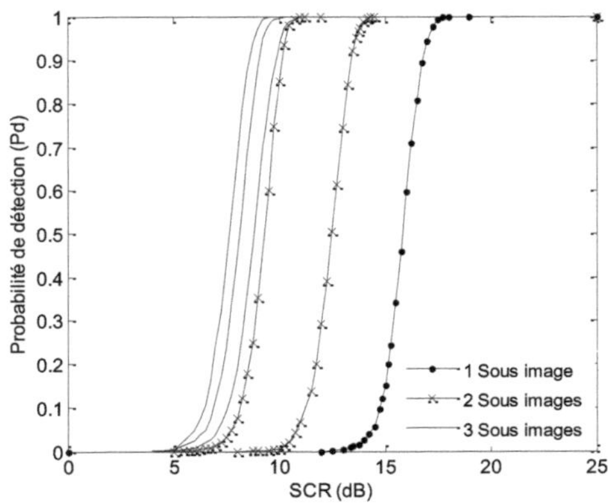

Fig. 4.19 Probabilité de détection en fonction de SCR pour différent nombre de sous-images dans un environnement K (ν=1)

De cette figure, nous observons, que :

- La détection est toujours bonne même pour des SCR faibles et cela quel que soit le nombre de sous-images utilisées.
- La détection s'améliore avec l'augmentation du nombre de sous-images c.-à-d. avec la diminution de la taille de l'image, ceci s'explique par le fait que quand la taille de l'image augmente la surface de la cible devienne petite par rapport à la taille de l'image et cela fait augmenter la dimension fractale et donc diminuer la probabilité de détection. En diminuant les dimensions de l'image, la surface de la cible devienne plus grande et cela fait diminuer la dimension fractale et donc augmenter la probabilité de détection.

c) Effet du type de découpage de l'image

Dans le paragraphe précédent, les images utilisées ont été découpées horizontalement, des résultats trouvés, nous avons conclu que la détection augmente avec le nombre de sous-images. Dans cette partie, nous allons voir l'effet du type de découpage de l'image sur la détection. Nous avons utilisé deux types de découpage : vertical et horizontal en deux sous-images puis trois sous-images.

Des résultats présentés dans la figure 4.20, nous voyons que pour le découpage vertical, les probabilités de détection sont très proches ce qui rend la distinction de sous-images qui contiennent les cibles ou le grand nombre des cibles difficile par rapport au découpage horizontal.

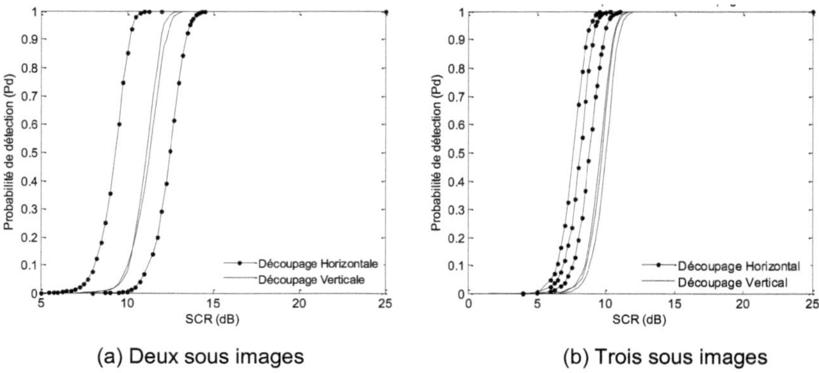

(a) Deux sous images (b) Trois sous images

Fig. 4.20 Probabilité de détection en fonction du SCR pour un découpage horizontal et vertical

d) Effet du type du bruit et ses paramètres sur la détection

Dans ce qui suit, nous considérons deux types de clutter : clutter K et Weibull. Nous allons voir dans ce paragraphe leurs effets ainsi que l'effet du changement des valeurs de leurs paramètres de forme sur la détection. Alors, nous avons fait des simulations de calcul de la probabilité de détection des images SAR découpées horizontalement en trois sous-images de 10000 points d'échantillonnage chacune. Les résultats présentés dans la figure 4.21 sont ceux de la 3ème scène de la sous-image du milieu. Les valeurs des paramètres de forme utilisées sont ν = -0.5, 1 et 10 pour le clutter K et b =1, 1.5 et 3 pour le clutter Weibull.

De ces résultats, nous observons que :

- La probabilité de détection augmente avec le paramètre de forme pour les deux types de clutter ;
- La détection des signaux noyés dans le clutter Weibull est meilleure que ceux noyés dans le clutter K et cela confirme la conclusion du chapitre trois que le clutter Weibull est plus adapté pour ces types des données mais une étude plus approfondie doit être faite.

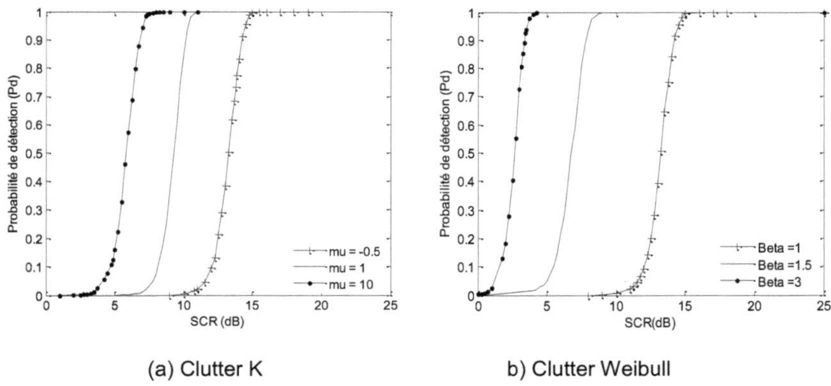

(a) Clutter K b) Clutter Weibull

Fig. 4.21 Probabilité de détection en fonction du SCR pour clutter K et clutter Weibull

IV.5 CONCLUSION

La théorie de la géométrie fractale a été appliquée pour l'analyse des signaux radar et SAR bistatique. La méthode de comptage des boîtes a été utilisée pour estimer la dimension fractale de ces signaux noyés dans deux types de bruit : clutter K et clutter Weibull. Il a été démontré que la présence d'une cible change la dimension fractale et que cette dernière apporte une grande amélioration dans la détection des cibles. Nous avons montré aussi que la probabilité de détection augmente avec la diminution du nombre des échantillons, l'augmentation du paramètre de forme et l'augmentation du nombre des cibles.

CONCLUSIONS ET PERSPECTIVES

Les objectifs des travaux présentés dans cette thèse sont la détection radar à une dimension et la détection radar à ouverture synthétique (ROS) à deux dimensions et dans les deux travaux, nous avons utilisé les mêmes données de mesure qui sont des données réelles pour un SAR bistatique de types multicapteurs et multifréquences, réalisées par l'ONERA. La première contribution concerne la reconstruction des images SAR bistatiques par différents algorithmes alors que la deuxième été l'utilisation des fractals pour la détection radar. Ce manuscrit a été organisé en quatre chapitres en plus d'une introduction générale et conclusion générale. Les deux premiers chapitres ont été consacrés à la présentation des généralités sur les deux domaines de recherche effectuées pour réaliser ce travail. Le premier chapitre englobe des généralités sur le radar et la théorie générale de la détection radar qui a été le but de notre deuxième problème de recherche : la détection radar par les fractals, l'imagerie radar avec le principe d'un radar à ouverture synthétique bistatique qui a fait l'objet du premier problème qui consiste la détection des cibles dans des images ROS bistatique par l'utilisation des algorithmes de reconstruction des images et le clutter avec sa définition, ses types et ses modèles statistiques. Dans le deuxième chapitre nous avons décrit quelques outils fondamentaux de la théorie fractale.

Les deux derniers englobent les deux travaux réalisés. Le troisième chapitre a été consacré à la présentation de notre première contribution. Il consiste en la détection ROS bistatique par la formation des images des scènes éclairées par un SAR de type multicapteurs et multifréquences en utilisant trois algorithmes de reconstruction des images les plus utilisées le MFA, le BPA et le PFA. La théorie de ces trois algorithmes ainsi que le contexte de mesure utilisé ont été arborés au début de ce chapitre. Ensuite, nous avons présenté nos simulations pour valider nos résultats. Ces résultats, présentés dans la dernière partie du chapitre, sont ceux des images formées par les algorithmes en absence puis en présence de deux types de clutter Weibull et K réels puis complexes. Une comparaison entre les trois algorithmes par rapport à leurs résolutions et l'importance de leurs lobes secondaires a été établie.

De cette comparaison nous avons conclu que, quoique le BPA présente de légères délocalisations des cibles, globalement, sur l'ensemble des images présentées, les trois imageurs fournissent de bons et très comparables résultats. Nous concluons, en général que le MFA est le plus robuste vis-à-vis du bruit et le PFA est le plus performant côté netteté de l'image et côté coût de calcul.

Dans notre deuxième contribution, la théorie de la géométrie fractale a été appliquée à l'analyse des signaux radar et SAR bistatique. La méthode de comptage des boîtes a été utilisée pour estimer les dimensions fractales de ces signaux noyés dans deux types de bruit : clutter K et clutter Weibull. Pour ce faire, nous avons proposé, dans le quatrième chapitre, deux détecteurs fractals, l'un pour des données radar synthétiques et l'autre pour des données SAR réelles. Les deux détecteurs sont basés sur la comparaison de la dimension fractale à un certain seuil, calculé de façon à maintenir la probabilité de fausse alarme constante.

Des résultats trouvés, nous avons montré que la présence d'une cible change la dimension fractale et que cette dernière apporte une grande amélioration dans la détection des cibles. Nous avons montré aussi que, la probabilité de détection augmente avec la diminution du nombre des échantillons, l'augmentation du paramètre de forme et l'augmentation du nombre des cibles. On peut néanmoins conclure que la dimension fractale ouvre de grandes possibilités en matière d'amélioration de résultats et de détection, dans des environnements très bruités. Par contre, il serait nécessaire de développer l'algorithme d'estimation de cette dimension fractale pour s'adapter aux images à deux dimensions.

PERSPECTIVES

Les résultats encourageants obtenus lors du deuxième travail de cette thèse nous ouvrent la voie à d'autres perspectives de recherche :

- Pour l'estimation de la dimension fractale, nous avons choisi la méthode de comptage des boîtes, alors comme première perspective le développement d'autres algorithmes d'estimation de cet important paramètre est essentielle pour faire ainsi une comparaison entre plusieurs méthodes.

- Notre algorithme d'estimation de la dimension fractale a été développé pour des signaux à une dimension (de forme courbe) et appliqué sur des images réelles à deux dimensions transformées en signaux à une dimension. Ainsi, il serait pertinent d'élaborer une extension de l'algorithme d'estimation de la dimension fractale, en se basant sur le premier algorithme, pour les signaux à deux dimensions afin de nous permettre de caractériser des surfaces complexes et de concourir aux nombreuses applications requises dans le domaine de l'analyse des image.
- Notre algorithme de détection fractal a été appliqué sur les données réelles de l'ONERA d'un SAR bistatique. Alors une autre perspective de nos travaux concerne tout naturellement l'extension de ces travaux au cas où plusieurs types de données réelles seraient à la disposition de l'utilisateur pour d'autres SAR et d'autres systèmes imageurs.
- Selon les résultats trouvés, qui ont prouvé que l'analyse fractale peut être largement utilisée dans le domaine de la détection radar, et sur un volet plus applicatif, nos travaux ouvrent des perspectives à l'application future des signatures fractales dans de nombreux domaines. Les plus intéressants pour nous sont le traitement de la parole et le traitement des antennes.

RÉFÉRENCES

[1] B. Mandelbrot, *Les Objets Fractals : Forme, Hasard et Dimension*, Flammarion, 4ème éd., 1995.

[2] N. Sarker and B.B. Chaudhuri, "An efficient differential boxcounting approach to compute fractal dimension of image", *IEEE Transactions on Systems, Man, and Cybernetics*, vol. 24, no 1, pp.115-120, Jan. 1994.

[3] K. Falconer, *Fractal Geometry Mathematical Foundations and Applications,* Second Edition, John Wiley & Sons, Ltd, USA, 2003.

[4] H. E. Schepers, J. H. G. M. Vanbeek and J. B. Bassingthwaighte, "Four methods to estimate the fractal dimension from self-affine signals" *IEEE Engineer in Medicine and Biology*, pp. 57-71, June 1992.

[5] A. Dauphiné (Sep. 2011), *Géographie fractale : fractals auto-similaire et auto-affine,* Ed. Lavoisier, Avalable à : www.hermes-science.com, consulter May 2017.

[6] Liebovitch L. S., *Fractals and Chaos Simplifies for the Life Sciences*, Oxford University Press, New York, 1998.

[7] J. Theiler, "Estimating fractal dimension", *Journal Optical Society of America*, vol. 7, no. 6, pp. 1055-1073, 1055-1073, June 1990.

[8] A. I. Penn and M. H. Loew, "Estimating fractal dimension with fractal interpolation function models", *IEEE Transactions on Medical Imaging*, vol. 16, no. 6, pp. 930-937, Dec. 1997.

[9] J.J. Gangepain and CR. Carmes, "Fractal approach to two dimensional and three dimensional surface roughness", *Elsevier : Wear*, vol. 109, Issues 1–4, pp. 119-126, May–June 1986.

[10] A.S. Balghonaim and J.M. Keller "A maximum likelihood estimate for two-variable fractal surface", *IEEE Transactions on Image Processing*, vol. 7, no 12, pp. 1746-1753, Dec. 1998.

[11] H.O. Peitgen, H. Jurgens and D. Saupe, *Chaos and Fractals : New Frontiers of Science*, 2nd ed., Springer Science + Business Media, Inc., 2004,

[12] W.S. Chen, S.Y. Yuan and C.M. Heieh, "Two algorithms to estimate fractal dimension of gray-level images", *Optical Engineering*, vol. 42, no 8, pp. 2452-2464, Aug. 2003.

[13] D. Zhao Y. Song "An improved differential box-counting method to estimate fractal dimensions of gray-level images", *Journal of Visual Communication and Image Representation*, vol. 25 no. 5, pp. 1102-1111, 2014.

[14] T. Lo, H. Leung, J. Litva and S. Haykin, "Fractal characterization of sea scattered signals and detection of sea-surface targets," *Proc. IEE Radar Sonar*, vol. 140, no. 4, pp. 243–250, Aug. 1993.

[15] J. Chen, K. Y. Lo, H. Leung and J. Litva, "The use of fractals for modeling EM waves scattering from rough sea surface", *IEEE Transactions Geosciences Remote Sensing*, vol. 34, no. 4, pp. 966–972, July. 1996.

[16] F. Berizzi and E. D. Mese, "Fractal analysis of the signal scattered from the sea surface", *IEEE Transactions Antennas Propagation*, vol. 47, no.3, pp. 324-338, Feb. 1999.

[17] F. Berizzi and E. D. Mese, "Scattering coefficient evaluation from a two-dimensional sea fractal surface", *IEEE Transactions Antennas Propagation*, vol. 50, no. 4, pp. 426-434, Apr. 2002.

[18] A.A., Potapov and V.A. German "Fractal selection of artificial objects from radar images on inhomogeneous background", 4th International Kharkov Sympoisum *'Physics and Engineering of Millimeter and Sub-millimeter Waves'*, presented at the MAMW'2001, Kharkov. Ukraine, 2001, vol. 1, pp. 268–270

[19] J.I. Butterfield, "Fractal interpolation of radar signatures for detection stationary target in ground clutter", *IEEE AES Mag.*, pp. 6–7, Jul. 1991.

[20] D.S. Mazel, "Detection of signal with a fractal model", in *Proc. Telesystems Conference, 'Commercial Applications and Dual-Use Technology'*, 1993, pp. 209-213.

[21] S. Haykin and X.B. Li, "Detection of signals in chaos", in *Proc. IEEE*, vol. 83, Issue : 1, Jan 1995, pp. 95–122.

[22] W.L. Xie and al. "The study of signal detection in clutter by fractal method", *J. Electron*, vol. 21, pp. 628–633, Sep. 1999.

[23] S. Cherouat; F. Soltani "Radar signal detection using fractal analysis in K-distributed clutter" *IEEE Conference Publications Signals, Circuits and Systems*, 2008. pp. 1 - 4, SCS 2008. DOI: 10.1109/ICSCS.2008.4746942.

[24] S. Cherouat, F. Soltani, F. Schmitt, F. Daout "Using fractal dimension to target detection in bistatic SAR data", *Signal, Image and Video Processing, Springer*, vol. 9, Issue 2, pp 365–371 Feb. 2015.

[25] M. Soumekh, "Bistatic synthetic aperture radar inversion with application in dynamic object imaging", *IEEE Transactions on Signal Processing*, vol. 39, no. 9, pp. 2044-2055, Sep. 1991.

[26] F. P. Dubois, H. Cantalloube, R. O. Plessis, M. Wendler, R. Horn, B. Vaizan, C. Coulombeix, D. Heuze and G. Krieger, "Analysis of bistatic scattering behavior of natural surfaces", in *Proceedings EUSAR*, Oct. 2004, pp. 573-576.

[27] A.D.M Gavin and M. R. Inggs. "Use of synthetic aperture and stepped-frequency continuous wave processing to obtain radar images", *South African Symposium on Communications and Signal Processing*, Aug. 1991, pp. 32-35.

[28] L. A. Gorham and L. J. Moore, "SAR image formation toolbox for MATLAB," *in Society of Photo-Optical Instrumentation* pp.769 906, Apr.2010.

[29] M. Soumekh, *Synthetic Aperture Radar Signal Processing with Matlab Algorithms*. New York, NY: John Wiley & Sons, Inc., 1999.

[30] M. Soumekh, "Wide-bandwidth continuous-wave monostatic/bistatic synthetic aperture radar imaging", in *International conference on Image processing*, Oct. 1998, pp. 361-365.

[31] M. D. Desai and W. K. Jenkins, "Convolution backprojection image reconstruction for spotlight mode synthetic aperture radar," *IEEE Transactions on Image Processing*, vol. 1, no. 4, pp. 505–517, Oct 1992.

[32] A. F. Yegulalp "Fast Backprojection Algorithm for Synthetic Aperture Radar", *in Proceedings IEEE Radar Conference,* Waltham, MA, Apr. 1999, pp. 20—22.

[33] S. Basu, and Y. Bresler, "O(N^2 log_2N) filtered backprojection reconstruction algorithm for tomography." *IEEE Transactions on Image Processing*, vol. 9, no. 10, pp. 1760—1773, Oct. 2000.

[34] L. M. H. Ulander, H. Hellsten, and G. Stenstrom, "Synthetic-aperture radar processing using fast factorized back-projection," *IEEE Transactions on Aerospace and Electronic Systems*, vol. 39, no. 3, pp. 760–776, July 2003.

[35] L. M. H. Ulander, P. O. Froelind, A. Gustavsson, D. Murdin, and G. Stenstroem, "Fast factorized back-projection for bistatic SAR processing," in 8th *European Conference on Synthetic Aperture Radar*, June 2010, pp. 1–4.

[36] D. Feng, H. T. Xie, D. X. An, and X. T. Huang, "Fast factorized back projection algorithm for spotlight bistatic forward-looking low frequency UWB SAR," in *IET International Radar Conference* 2015, Oct 2015, pp. 1–5.

[37] L., Ulander, "Bistatic experiment with ultra-wideband VHF synthetic aperture radar. *In Proceedings of EUSAR, Friedrichshafen*, Germany, 2008, pp. 1—4.

[38] H. Xie; S. Shi; D. An; G. Wang, X. Huang; Z. Zhou;; F. Wang; Q. Fang "Fast Factorized Backprojection Algorithm for One-Stationary Bistatic Spotlight Circular SAR Image Formation" *IEEE Journal of Selected Topics in Applied Earth Observations and Remote Sensing*, vol. 10, Issue: 4 ,pp. 1494 – 1510, 2017.

[39] F. Rocca, C. Cafforio, and C. Prati, "Synthetic aperture radar: A new application for wave equation techniques", *Geophysical Prospecting*, vol. 37, pp. 809–830, 1980.

[40] C. Cafforio, C. Prati, and F. Rocca, "Full resolution focusing of SEASAT SAR images in the frequency-wave number domain". In *Proceedings of the 8th EARSeL Symposium*, Mar. 1988, pp. 336–355.

[41] C., Cafforio, C., Prati, and F. Rocca, "SAR data focusing using seismic migration technique", *IEEE Transactions on Aerospace and Electronic Systems,* vol. 27, pp. 194–206, Mar. 1991.

[42] T. Zeng, F. Liu, C. Hu, T. Long "image Formation Algorithm for Asymmetric Bistatic SAR Systems With a Fixed Receiver" *IEEE Transactions on Geoscience and Remote Sensing*, vol. 50, Issue: 11 pp. 4684 – 4698, 2012.

[43] R. Zhu; J. Zhou; G. Jiang; Q. Fu, "Range Migration Algorithm for Near-Field MIMO-SAR Imaging", *IEEE Geoscience and Remote Sensing Letters* vol. 14, Issue. 12, pp. 2280 – 2284, 2017.

[44] J. L. Walker, "Range-doppler imaging of rotating objects," *IEEE Transactions on Aerospace and Electronic Systems*, vol. AES-16, no. 1, pp. 23–52, Jan 1980.

[45] W. G. Carrara, R. S. Goodman, and R. M. Majewski, "Spotlight Synthetic Aperture Radar Signal Processing Algorithms", *Norwood, MA: Arttech House* Inc., 1995.

[46] C. V. Jakowatz, D. E. Wahl, P. H. Eichel, D. C. Ghiglia, and P. A. Thompson, "Spotlight-Mode Synthetic Aperture Radar: A Signal Processing Approach". *Springer Science, Business Media*, 1996.

[47] B. D. Rigling and R. L. Moses, "Polar format algorithm for bistatic SAR," *IEEE Transactions on Aerospace and Electronic Systems*, vol. 40, no. 4, pp. 1147–1159, Oct 2004.

[48] N. J. Willis and H. D. Griffiths, *Advances in Bistatic Radar.* Raleigh, NC: SciTech Publishing, Inc, 2007.

[49] Y. Wang, J. Li, J. Chen, H. Xu, and B. Sun, "A new trajectory-based polar format algorithm for bistatic SAR," *IEEE International Geoscience and Remote Sensing Symposium*, July 2012, pp. 319–322.

[50] O. Arikan and D. C. Munson, "A tomography formulation of bistatic synthetic aperture radar", in *Proc. Intern. Conf. on Advances in Communications* and Control Systems, ComCon' 88, Oct. 1988, pp 289-302.

[51] L. A. Gorham and B. D. Rigling, "Scene size limits for polar format algorithm", *IEEE Transactions on Aerospace and Electronic Systems*, vol. 52, no. 1, pp. 73–84, February 2016.

[52] D. Mao and B. D. Rigling, “Distortion correction and scene size limits for SAR bistatic polar format algorithm,” *IEEE Radar Conference*, May 2017.

[53] J. Ding, C. Wang, X. Mao, “Fast polar format algorithm based on variable PRF for bistatic SAR”, *IEEE Conferences on Radar,* 2016 pp. 1 – 3.

[54] L. Gorham and B. Rigling, “Fast corrections for polar format algorithm with a curved flight path,” *IEEE Transactions on Aerospace and Electronic Systems*, vol. 52, no. 6, pp. 2815–2824, Dec. 2016.

[55] P. Fargette, “Mesure de SER de sphères en configuration bistatique,” Rapport DGA juin 2008.

[56] Z. Peyton and Jr. Peebles, *Radar Principles*, New York: John Wiley & Sons, Inc, 1998.

[57] B. R. Mahafza, *Radar Systems Analysis and Design Using MATLAB*, USA, Chapman & Hall/CRC, 2000.

[58] D. K. Barton and S. A. Leonov, *Radar Technology Encyclopedia* (Electronic Edition), Artech. House Boston, London, 1998.

[59] J.M. Colin, *Le Radar : Théorie et Application*, France, Ed. Ellipses Marketing, Collection Technosup 2002

[60] M. I. Skolnik, *Introduction to Radar Systems*, 2nd ed., McGraw-Hill Book Inc., USA, 1980.

[61] J. Darricou et Y. Blanchard, “Histoire du radar dans le monde puis en france” *REE*, no 1, Janv. 2003.

[62] J. W. Nicholas, *Bistatic Radar*, SciTech Publishing Inc U.S.A. 2005 pp. 1-84

[63] C. Wolff, traduction en langue française: C. Paumier et P. “Les principes de radar” http://www.radartutorial.eu/index.fr.html, en ligne Nov. 1998, consulter Mars 2013.

[64] Y. K. Chan and V. C. Koo, “An introduction to synthetic aperture radar (SAR)”, *Progress In Electromagnetics Research B*, 2008, vol. 2, pp. 27–60.

[65] G. Mangini, “Etude d’un radar cohérent fonctionnant en mode pulsé: application à la surveillance maritime”, Thèse Doctorat en Sciences, Université Montpellier, France, Mars 2013.

[66] M. L. Bencheikh, “Exploitation des propriétés des signaux dans les systèmes radar MIMO pour la détection et la localisation”, Thèse de Doctorat, Université de Nantes 1, France, Juillet 2011, https://tel.archives-ouvertes.fr/tel-01105060/document.

[67] P. Goy, " Détection d'obstacles et de cibles de collision par un radar FMCW aéroporté", Thèse de Doctorat, Université de Toulouse, France, Déc. 2012,

[68] E. Jay, " Détection en Environnement non Gaussien", Thèse de Doctorat, Université de Cergy-Pontoise, France, Juin 2002,

[69] V. Riché, "Étude et réalisation d'un système d'imagerie SAR exploitant des signaux et configurations de communication numérique", Thèse de Doctorat, Université de Nantes 1, France, Avril 2013.

[70] F. Comblet "Détection, Localisation et identification de cibles radar par imagerie électromagnétique bistatique" Thèse Doctorat en Sciences, Université de Bretagne Occidentale, France, Déc. 2005.

[71] P. Leducq, "Traitements temps-fréquence pour l'analyse de scènes complexes dans les images sar planimétriques", Thèse de Doctorat, Université de Rennes I, France, Juin 2006.

[72] V. Amberg, "Analyse de scènes périurbaines à partir d'images radar haute résolution application à l'extraction semi-automatique du réseau routier", Thèse de Doctorat, Institut National Polytechnique de Toulouse, France, Nov. 2005.

[73] V.B. Lamant "Prediction of radar range", Chapter 2 in *Radar Handbook,* Second ed., M.I. Skolnik ed. McGraw-Hill Companies, 1990, pp 2.1-2.31.

[74] B. R. Mahafza, A. Elsherbeni *MATLAB Simulations for Radar Systems Design* USA, Chapman & Hall/CRC, 2000.

[75] R. Giret, "Imagerie Radar par synthèse d'ouverture pour la gestion du trafic autoroutier", Thèse de Doctorat, Institut National des Sciences Appliquées de Rennes, France, Déc. 2003.

[76] J.-B. Poisson, " Reconstruction de trajectoires de cibles mobiles en imagerie RSO circulaire aéroportée", Thèse de Doctorat ; Télécom ParisTech, France, Déc. 2013.

[77] F. Brigui, " Algorithmes d'imagerie SAR polarimétrique basés sur des modèles à sous-espace : Application à la détection de cible sous couvert forestier", Thèse de Doctorat, Université de Paris Ouest, France, Déc. 2010.

[78] R. Sullivan, "Synthetic aperture radar" Chapter 17 in *Radar Handbook,* Third ed., M.I. Skolnik ed. McGraw-Hill Companies, 2008, pp 17.1 - 17.37.

[79] M. TRIA, "Imagerie radar à synthèses d'ouverture par analyse en ondelettes continues multidimensionnelles", Thèse de Doctorat, Université Paris-Sud XI, France, Nov. 2005.

[80] O. D'hondt, "Analyse spatiale de texture non stationnaire dans les images SAR", Thèse de Doctorat, Université de Rennes I, France, Fév. 2006.

[81] R. Ö. Caner, *Inverse Synthetic Aperture Radar Imaging with MATLAB Algorithms*, Wiley series in microwave and optical engineering, Canada, 2012.

[82] N. Trouvé, "Comparaison des outils optique et radar en polarimétrie bistatique", Thèse de Doctorat, Ecole Doctorale de Polytechnique, France, Nov. 2011, https://tel.archives-ouvertes.fr/tel-00676316v1

[83] C. Proisy, "Apport des données radar à synthèse d'ouverture pour l'étude de la dynamique des écosystèmes forestiers", Thèse de Doctorat, Université Paul Sabatier Toulouse III, Mars 1999.

[84] C. Oliver and S. Quegan, *Understanding Synthetic Aperture Radar Images,* Boston, London, Artech House, 1997.

[85] Q.U. Ann, "Bistatic Synthetic Aperture Radar Processing", Phd Thesis; University of Siegen, 2013

[86] N.J. Willis, "Bistatic radar", Chapter 23 in *Radar Handbook,* Third ed., M.I. Skolnik ed. McGraw-Hill Companies, 2008, pp 23.1 - 23.36.

[87] S. R. Doughty, "Development and performance evaluation of a multistatic radar system", PHD Thesis, University of London, England, 2008.

[88] P. Dubois-Fernandez, H. Cantalloube, B. Vaizan, G. Krieger, R. Horn, M. Wendler, and V. Giroux, "ONERA-DLR bistatic SAR campaign: planning, data acquistiton, and first analysis of bistatic scattering behavior of natural and urban targets," *IEE Proceedings – Radar, Sonar and Navigation*, vol. 153, June 2006, pp. 214–223.

[89] H. Cantalloube, M. Wendler, V. Giroux, P. Dubois-Fernandez, and R. Horn, "A first bistatic airborne SAR interferometry experiment- Preliminary results," in *IEEE Sensor Array and Multichannel Signal Processing Workshop*, 2004.

[90] M. Rodriguez-Cassola, S. V. Baumgartner, G. Krieger, and A. Moreira, "Bistatic TerraSAR-X/F-SAR Spaceborne-Airborne SAR Experiment: Description, Data Processing, and Results," *IEEE Transactions on Geoscience and Remote Sensing*, vol. 48, pp. 781–794, Feb. 2010.

[91] G. Krieger, I. Hajnsek, K. P. Papathanassiou, M. Younis, and A. Moreira, "Interferometric Synthetic Aperture Radar SAR Missions Employing Formation Flying," *Proceedings of the IEEE*, vol. 98, pp. 816–843, May 2010.

[92] [13] N. Gebert, B. Carnicero Dominguez, M. Davidson, M. Diaz Martin, and P. Silvestrin, "SAOCOM-CS - A passive companion to SAOCOM for single-pass L-band SAR interferometry," in *Proc. EUSAR conference*, June 2014, pp. 1–4.

[93] A. Goh, M. Preiss, N. Stacy, and D. Gray, "The Ingara Bistatic SAR Upgrade: First Results," in *IEEE International Radar conference*, Sept. 2008, pp. 329–334.

[94] H. D. Griffiths, C. J. Baker, J. Baubert, N. Kitchen, and M. Treagust, "Bistatic radar using satellite-borne illuminators," in *IEEE International Conference RADAR 02*, Edinburgh, UK, Oct. 2002, pp. 1–5.

[95] A. P. Whitewood, C. J. Baker, and H. D. Griffiths, "Bistatic Radar Using Spaceborne Illuminator," in *IET International Radar conference*, Edinburgh, UK Oct. 2007.

[96] J. S. Marcos, P. Lopez-Decker, J. J. Mallorqui, A. Aguasca, and P. Prats, "A SAR Bistatic Receiver for Interferometric Applications," *IEEE Geoscience and Remote Sensing Letters*, vol. 4, pp. 307–311, Apr. 2007.

[97] L. Maslikowski, P. Samczynski, M. Baczyk, P. Krysik, and K. Kulpa, "Passive bistatic SAR imaging - Challenges and limitations," *IEEE Aerospace and Electronic Systems Magazine*, vol. 29, no. 7, pp. 23–29, 2014.

[98] M. Errico, *Distributed Space Missions for Earth System Monitoring,* Springer Science & Business Media, 14 sept. 2012 , 678 pages

[99] M. Cherniako, *Bistatic Radar: Emerging Technology,* Wiley, Avr. 2008, 406 pages

[100] R. Wang, Y. Deng "Bistatic SAR System and Signal Processing Technology" *Springer nature Singapore Pte Ltd*. 2018

[101] T. Zeng, M. Cherniakov and T. Long, "Generalized Approach to Resolution Analysis in BSAR", *IEEE Transactions on Aerospace and Electronic Systems,* vol. 41, no. 2, Apr. 2005.

[102] "Caractéristiques du signal radar", https://fr.wikipedia.org/wiki/Caract%C3%A9ristiques_du_signal_radar , date de création Mars 2009, date de la dernière modification Avril 2017, date de consultation Mars 2013.

[103] L. Déjean, "Détection de Petites Cibles Marines en Milieu Côtier par Radar Aéroporté", Thèse de Doctorat, Telecom Bretagne, France, Nov. 2009.

[104] B. B. Mandelbrot, *The Fractal Geometry of Nature*, W. H. Freeman, New Yourk, 1982.

[105] O. Enacheanu, "Modélisation fractale des réseaux électriques", Thèse de Doctorat, Université Joseph Fourier, Oct. 2008.

[106] J.L.Chabert "Un demi-siècle de fractales: 1870-1920", *Historica Mathematica*, vol. 17, Issue 4, pp. 339-365, Nov. 1990.

[107] J. Lajoie, "La géométrie fractale" Thèse de Master, Université du Québec, Juin 2006.

[108] H. I. GAHA, "Analyse et conception des antennes fractales applications aux télécommunications large bande", Thèse Doctorat, INPT-ENSEEIHT de Toulouse, France, Juillet 2007.

[109] S. Besse, "Etude théorique de radars géologiques: analyses de sols, d'antennes et interprétation des signaux", Thèse Doctorat, Université de Limoges, France, Sep. 2004.

[110] L. Koehl, "Conception et réalisation d'un estimateur de dimension fractale par utilisation de techniques floues", Thèse de Doctorat, Université des Sciences et Technologies de Lille, France, Janv. 1998.

[111] B. Dolez, "Labellisation d'images par méthodes fractales", Thèse Doctorat, Université de Paris 5 René Descartes, France, Mai, 2008.

[112] C. Secrieru, "Applications de l'Analyse Fractale dans le Cas de Ruptures Dynamique", Thèse de Doctorat, l'Université Polytechnique de Timişoara, Roumanie, Oct. 2009.

[113] B. Haddad, L. Sadouki, H. Sauvageot et A. H. Adane, "Analyse de la dimension fractale des échos radar en Algérie, France et Sénégal", *Télédétection*, 2006, vol. 5, n°4, pp. 299-306.

[114] F. Daout, F. Schmitt, G. Ginolhac and P. Fargette, "Imagerie radar multicapteur: estimation des performances d'un système radar multicapteur multifréquence", *Journal Instrumentation Mesure et Métrologie*, vol. 9, pp. 111-143, Sep. 2009.

[115] B. D. Rigling, "Signal processing strategies for bistatic synthetic aperture radar", PHD thesis, The Ohio State University, USA, 2003.

[116] D. G. Martin and A. W. Doerry, "SAR polar format implementation with Matlab", Report, Sandia National Laboratories, California, 1-31, Nov. 2005.

[117] D. B. Rigling, R. L. Moses, "Polar format algorithm for bistatic SAR", *IEEE Transactions on Aerospace and Electronic Systems* vol. 40, no. 4 Oct. 2004

[118] F. Daout, F. Schmitt and G. Ginolhac, "PEA TDC – passive radar", Report from SATIE Lab, University Paris Sud, 1-7, Jan. 2009.

[119] X. Nie, D. Y. Zhu and Z. D. Zhu, "Application of synthetic bandwidth approach in sar polar format algorithm using the decamp technique", *Progress In Electromagnetics Research*, *PIER80*, 2008, pp. 447–460.

[120] G. Andrieu, "Elaboration et application d'une méthode de faisceau équivalent pour l'étude des couplages électromagnétiques sur réseaux de câblages automobiles", Thèse de Doctorat, Université des Sciences et Technologies de Lille, France, Déc. 2006.

[121] G. DUN, "Modélisation et optimisation de chambres anechoïques pour applications CEM", Thèse de Doctorat, ENST Bretagne, France, Déc. 2007.

[122] J. C. Castelli, "La base de mesure de SER bistatique BA.BI. un aperçu de ses performances", Colloque International sur le radar, Paris, France, 3-6 Mai, 1994.

[123] A. Mokadem "Analysis of scattering by urban areas in the frame of NLOS target detection in SAR Images", Thèse de Doctorat, École Doctorale Sciences et Technologies de l'Information des Télécommunications et des Systèmes, France, Fév. 2014, https://tel.archives-ouvertes.fr/tel-01080230

[124] C. Walck, *Hand-book on Statistical Distributions for Experimentalists*, Internal Report SUF–PFY/96–01, Stockholm, Dec. 1996.

[125] R.S. Raghavan, "A method for estimating parameters of K distributed clutter" *IEEE Transactions on Aerospace and Electronic Systems*, vol. 27, no. 2, Mar. 1991.

[126] L. M. Kaplan, "Fractal signal modeling: theory, algorithms and applications", PHD Thesis, University of Southern California, USA, Dec. 1994.

[127] L. Marzec, "Contribution à l'élaboration d'une technique d'interpolation fractale" Diplôme d'Etudes Approfondies, Université des Sciences et Technologies de Lille, France, 2002.

[128] P. Soille, and J.-F. Rivest, "On the Validity of Fractal Dimension Measurements in Image Analysis", *Journal of Visual Communication and Image Representation,* vol. 7, no. 3, pp. 217-229 Sep. 1996.

[129] R. Lopes, "Analyses fractale et multifractale en imagerie médicale: outils, validations et applications", Thèse Doctorat, Université de Lilles 1, France, 2009.

[130] C. Tricot, J. F. Quiniou, D. Wehbi, C. Roques-Carmes et B. Dubuc, "Evaluation de la dimension fractale d'un graphe" *Revue Phys. Appl.*, vol. 23, N 2, pp. 111-124, Fév. 1988

ANNEXE

Sommaire

A.1 INTRODUCTION

Le clutter est composé des phases et des amplitudes aléatoires, il est statistiquement décrit par une fonction de distribution de probabilité. L'avantage d'utiliser un modèle de probabilité est que beaucoup de systèmes sont effectivement décrits en matière de deux paramètres seulement : une moyenne et un écart. Le type de la distribution dépend de la nature du clutter lui-même, la fréquence de fonctionnement du radar, et l'angle d'incidence [57].

Nous proposons dans cette annexe une liste non exhaustive de lois continues couramment utilisées en statistique.

A.2 LA FONCTION DE DENSITÉ DE PROBABILITÉ

Un des concepts les plus utiles de la théorie des probabilités nécessaires à l'analyse de la détection des signaux dans le bruit est la fonction de densité de probabilité [60]. La fonction de densité de probabilité, d'un variable continu x, notée *f* (x) est supposée être correctement normalisée telle que [60,124] :

$$\int_{-\infty}^{\infty} f(x)dx = 1 \tag{A.1}$$

Les statisticiens utilisent souvent la fonction de distribution, ou comme les physiciens l'appellent plus souvent la fonction cumulative, définie comme [124] :

$$F(x) = \int_{-\infty}^{x} f(t)dt \tag{A.2}$$

A.3 LES MOMENTS

Les moments d'ordre n sont définis par [124] :

$$\mu_n = E[x^n] = \int_{-\infty}^{\infty} x^n f(x)dx \tag{A.3}$$

Les moments les plus couramment utilisés sontμ_1 qui est la moyenne, parfois appelée la valeur attendue de la distribution et μ_2 qui est la variance de la distribution [60,124].

A.4 QUELQUES DISTRIBUTIONS CONTINUES

A.4.1 La distribution Uniforme

C'est la distribution la plus simple définie par [57,60,124] :

$$f(\mathrm{x}) = \begin{Bmatrix} \frac{1}{b-a} & \text{pour} \quad a \leq x \leq b \\ 0 & \text{autrement} \end{Bmatrix} \tag{A.4}$$

Le moment d'ordre n est [85] :

$$\mu_n = \frac{(b-a)^n}{2^n(n+1)} \tag{A.5}$$

La moyenne et la variance sont respectivement [57,60,124] :

$$E(x) = (a+b)/2 \tag{A.6}$$

$$V(x) = (b-a)^2/12 \tag{A.7}$$

Cette distribution est souvent utilisée pour l'évaluation statistique de la phase aléatoire, ce qui est considéré comme ayant une distribution uniforme dans l'intervalle [0 : 2π] [58].

A.4.2 La distribution gaussienne

La distribution normale, découverte par Moivre en 1733, ou, comme on l'appelle souvent, la distribution de Gauss, suivant le nom qui la formalisa mathématiquement, est la distribution dans la théorie de bruit et elle a une représentation plus commode de se manipuler mathématiquement. La fonction de densité gaussienne est définie par [60,124] :

$$f(x;\mu,\sigma) = \frac{1}{\sigma\sqrt{2\pi}}\exp\left[-\frac{1}{2}\left(\frac{x-\mu}{\sigma}\right)^2\right] \tag{A.8}$$

Où μ est l'espérance et σ est variance.
La distribution gaussienne est largement utilisée pour décrire le bruit, les interférences, radar de coordonner les erreurs de mesure, et d'autres paramètres statistiques [58].

Le moment d'ordre n de la distribution normal est donné par [124] :

$$\mu_n = (n-1)!!\,\sigma^n \tag{A.9}$$

A.4.3 La distribution Log-normale

Si une variable aléatoire réelle X suit une loi normale alors la variable aléatoire $Y=e^X$ suit une loi log-normale définie par [60,124] :

$$f(x;\mu,\sigma) = \frac{1}{x\sigma\sqrt{2\pi}}\exp\left[-\frac{1}{2}\left(\frac{\ln(x)-\mu}{\sigma}\right)^2\right] \tag{A.10}$$

Le moment d'ordre n de la distribution normale est donné par [124] :

$$\mu_n = e^{n\mu+\frac{(n\sigma)^2}{2}} \tag{A.11}$$

La valeur moyenne et la variance de la distribution sont données par [57, 124] :

$$E(x) = e^{\mu+\frac{\sigma^2}{2}} \tag{A.12}$$

$$V(x) = e^{2\mu+\sigma^2}\left(e^{\sigma^2}-1\right) \tag{A.13}$$

La distribution log-normale trouve une utilisation dans la description du clutter d'un radar à très haute résolution et les états hauts de la mer [58,60].

A.4.4 La distribution Exponentielle

La distribution exponentielle est donnée par [57,124] :

$$f(x;\mu) = \frac{1}{\mu}e^{-\frac{x}{\mu}} \tag{A.14}$$

Où μ est le paramètre de distribution.

Le moment d'ordre n de la distribution exponentielle est [124] :

$$\mu_n = \mu^n n! \tag{A.15}$$

La valeur moyenne et la variance sont respectivement [57,124] :

$$E(x) = \mu \tag{A.16}$$

$$V(x) = \mu^2 \tag{A.17}$$

La distribution exponentielle est largement utilisée pour l'évaluation de la fiabilité du radar, l'atténuation d'un signal au cours de sa propagation dans l'atmosphère, ... [58].

A.4.5 La distribution de Rayleigh

La distribution de Rayleigh est nommée d'après le physicien britannique Lord Rayleigh (1842-1919) [124]. Pour les valeurs positives de la variable x et un paramètre réel positif α sa densité de probabilité est donnée par [57,58,60,124] :

$$f(x;\alpha) = \frac{x}{\alpha^2}e^{-\frac{x^2}{2\alpha^2}} \tag{A.18}$$

Où α est le paramètre d'échelle de distribution.

Le moment d'ordre n est défini par [124] :

$$\mu_n = \frac{1}{2\alpha^2}\int_{-\infty}^{\infty}|x|^{n+1}e^{-x^2/2\alpha^2} = \begin{cases}\sqrt{\frac{\pi}{2}}n!!\,\alpha^n & pour \quad n = 2k+1\\ 2^k k!!\,\alpha^{2k} & pour \quad n = 2k\end{cases} \tag{A.19}$$

La valeur moyenne et la variance sont [57,124] :

$$E[x] = \alpha\sqrt{\frac{\pi}{2}} \tag{A.20}$$

$$V[x] = \alpha^2\left(2 - \frac{\pi}{2}\right) \tag{A.21}$$

La distribution de Rayleigh est utilisée pour une description statistique du bruit d'un récepteur radar et de la zone d'écho de certains types de cibles, ainsi que dans la théorie de la détection du signal. Elle s'applique aussi au clutter de la mer, quand la cellule de résolution, ou la zone éclairée par le radar, est relativement grande [58,124].

A.4.6 La distribution de Weibull

La loi de Weibull a été introduite par Waloddi Weibull (1887–1979) [85]. Elle est donnée par [57,60,124] :

$$f(x;a,b) = \frac{b}{a}\left(\frac{x}{a}\right)^{b-1} e^{-\left(\frac{x}{a}\right)^{b}} \tag{A.22}$$

Où a et b sont deux paramètres positifs de la distribution.

Pour le cas particulier de b=1 la distribution Weibull est égale à une distribution exponentielle [60,124].

Le moment d'ordre n est donné par [124] :

$$\mu_n = a^n \Gamma\left(\frac{n}{b}+1\right) \tag{A.23}$$

Où $\Gamma(.)$ est la fonction gamma donnée par :

$$\Gamma(z) = \int_0^{+\infty} t^{z-1} e^{-t} dt \tag{A.24}$$

La valeur moyenne et la variance sont respectivement [57,124]:

$$E(x) = a\Gamma\left(\frac{1}{b}+1\right) \tag{A.25}$$

$$V(x) = a^2\left\{\Gamma\left(\frac{2}{b}+1\right) - \left(\Gamma\left(\frac{1}{b}+1\right)\right)^2\right\} \tag{A.26}$$

La distribution de Weibull est utilisée pour la description statistique du bruit du récepteur, le clutter et la fiabilité des dysfonctionnements dans les ensembles de radar [58].

A.4.7 La distribution gamma

La distribution gamma est donnée par [57,124] :

$$f(x;a,b) = \frac{a(ax)^{b-1}}{\Gamma(b)} e^{-ax} \tag{A.28}$$

où les paramètres d'échelle "a" et de forme "b" sont des quantités réelles positives
Pour b = 1 on obtient la distribution exponentielle [124].
Le moment d'ordre n de la distribution gamma est donné par [124] :

$$\mu_n = \frac{b(b+1).....(b+n+1)}{a^n} \quad \text{(A.29)}$$

La distribution a une valeur moyenne et une variance données par [57,124] :

$$E(x) = \frac{b}{a} \quad \text{(A.30)}$$

$$V(x) = \frac{b}{a^2} \quad \text{(A.31)}$$

La distribution gamma trouve une utilisation dans la description des statistiques de bruit et la fiabilité du radar [58].

A.4.8 La distribution Gamma généralisée

La distribution Gamma est souvent utilisée pour décrire les variables limitées sur un côté. Une version encore plus flexible de cette distribution est obtenue en ajoutant un troisième paramètre donnant ce quand appelle la loi gamma généralisée. Cette fonction de densité, apparue en 1925, est donnée par [124] :

$$f(x; a, b, c) = \frac{ac(ax)^{bc-1}}{\Gamma(b)} e^{-(ax)^c} \quad \text{(A.32)}$$

Où a (le paramètre d'échelle) et b sont les mêmes paramètres réels positifs qu'est utilisé pour la distribution Gamma etc le paramètre qui a été ajoutée (c = 1 pour la distribution Gamma ordinaire).

Le moment d'ordre n de la distribution gamma généralisée est donné par [124] :

$$\mu_n = \frac{1}{a^n} \frac{\Gamma\left(b+\frac{n}{c}\right)}{\Gamma(b)} \quad \text{(A.33)}$$

La distribution a une valeur moyenne et une variance données par [124] :

$$E(x) = \frac{1}{a} \frac{\Gamma\left(b+\frac{1}{c}\right)}{\Gamma(b)} \quad \text{(A.34)}$$

$$V(x) = \frac{1}{a^2 \Gamma(b)} \left(\Gamma\left(b + \frac{2}{c}\right) - \frac{\Gamma^2\left(b+\frac{1}{c}\right)}{\Gamma(b)} \right) \quad \text{(A.35)}$$

La distribution Gamma généralisée est une forme générale qui, pour certaines combinaisons de paramètres, donne beaucoup d'autres distributions comme exceptionnellement. Dans le tableau ci-dessous, nous indiquons ses quelques relations :

Distribution	a	b	c
Gamma Généralisée	a	b	c
Gamma	a	b	1
Chi-square	1/2	n/2	1
Exponentielle	1/α	1	1
Weibull	1/σ	1	η
Rayleigh	$1/\alpha\sqrt{2}$	1	2
Normal	$1/\sqrt{2}$	1/2	2

A.4.9 La distribution K

La distribution K, peut être considérée comme la pdf d'un vecteur gaussien dont la variance est modulée par une distribution gamma. Elle peut être exprimée sous la forme [58,125] :

$$f(x; a, v) = \frac{2b}{a\Gamma(v+1)}\left(\frac{x}{2a}\right)^{v+1} k_v\left(\frac{x}{a}\right) \quad \text{(A.36)}$$

où "v" et "a", sont les paramètres de forme et d'échelle, respectivement, Γ désigne la fonction gamma et K (donne la répartition de son nom à la distribution) est la fonction de Bessel modifiée de seconde espèce d'ordre ν>-1.

Le paramètre de forme "v" indique le comportement de la queue de la distribution : plus ν est petit, plus la densité de probabilité décroît lentement à l'infini, et donc plus les forts échos sont probables, ou encore plus de clutter sont spiky [125].

La loi K devient une loi de Rayleigh lorsque le paramètre de forme ν tend vers l'infini [125].

Le moment d'ordre n de la distribution K est donné par [125] :

$$\mu_n = \frac{\Gamma\left(1+\frac{n}{2}\right)\Gamma\left(v+1+\frac{n}{2}\right)}{\Gamma(v+1)}(2a)^n \quad \text{(A.37)}$$

La distribution a une valeur moyenne et une variance données par [125] :

$$E(x) = \frac{\Gamma(1.5)\Gamma(v+1.5)}{\Gamma(v+1)}2a \quad \text{(A.38)}$$

$$V(x) = (2a)^2(\mathrm{v}+1) - \left[\frac{\Gamma(1.5)\Gamma(v+1.5)}{\Gamma(v+1)}\right]^2 \quad \text{(A.39)}$$

Ce type de distribution est utile pour décrire les échos tels que les vagues de la mer, un terrain vallonné, ou cellules de pluie [58].

PUBLICATIONS/COMMUNICATIONS

S. Cherouat, F. Soltani, F. Schmitt, F. Daout "Using fractal dimension to target detection in bistatic SAR data", Signal, Image and Video Processing, Springer., Volume 9, Issue 2, pp 365–371 February 2015

http://link.springer.com/article/10.1007/s11760-013-0453-2

S. Cherouat; F. Soltani "Radar signal detection using fractal analysis in K-distributed clutter" Signals, Circuits and Systems, 2008. SCS 2008. 2nd International Conference onYear: 2008 Pages: 1 - 4,DOI:10.1109/ICSCS.2008.4746942**IEEE Conference Publications**

http://ieeexplore.ieee.org/document/4746942/

MIX
Papier aus verantwortungsvollen Quellen
Paper from responsible sources
FSC® C105338

Printed by Books on Demand GmbH, Norderstedt / Germany